प्राचीन भारत के महान वैज्ञानिक

प्राचीन भारत के महान वैज्ञानिक

गुणाकर मुळे

राजकमल प्रकाशन

ISBN : 978-81-267-1715-6

मूल्य : ₹395

पहला संस्करण : 1989
आठवाँ संस्करण : 2011
This book is printed on Print on Demand Technology : 2026

प्रकाशक : राजकमल प्रकाशन प्रा. लि.
1-बी, नेताजी सुभाष मार्ग, दरियागंज
नई दिल्ली-110 002

शाखाएँ : अशोक राजपथ, साइंस कॉलेज के सामने, पटना-800 006
पहली मंजिल, दरबारी बिल्डिंग, महात्मा गांधी मार्ग, प्रयागराज-211 001
1, अनमोल सोराबजी सन्तुक लेन, धोबी तलाव, मरीन लाइंस, मुम्बई-400 002
वेबसाइट : www.rajkamalprakashan.com
ई-मेल : info@rajkamalprakashan.com

PRACHIN BHARAT KE MAHAN VAIGYANIK
by Gunakar Muley

अपनी बात

पाश्चात्य देशों के वैज्ञानिकों के बारे में अंग्रेजी तथा भारतीय भाषाओं में काफ़ी साहित्य उपलब्ध है। इन वैज्ञानिकों के बारे में स्कूल-कॉलेजों के अध्यापकों से भी विद्यार्थियों को थोड़ी-बहुत जानकारी मिल ही जाती है। पर, खेद की बात है कि, अपने देश के चरक, सुश्रुत, आर्यभट तथा भास्कराचार्य जैसे चोटी के वैज्ञानिकों के बारे में हमारे विद्यार्थियों को नहीं के बराबर जानकारी है।

विद्यार्थियों और सामान्य पाठकों को दृष्टि में रखकर प्रस्तुत पुस्तक में मैंने प्राचीन भारत के दस वैज्ञानिकों का संक्षिप्त परिचय दिया है। इन वैज्ञानिकों के ग्रंथ तो प्राप्य हैं, किंतु इनके जीवन के बारे में हमें ठोस जानकारी नहीं मिलती। मूल ग्रंथ संस्कृत भाषा में होने से प्रस्तुत पुस्तक की सीमा में विषयों की विशद व्याख्या संभव नहीं थी। फिर भी, आशा है कि यह पुस्तक प्राचीन भारत के विज्ञान एवं वैज्ञानिकों का प्रारंभिक परिचय कराने में उपयोगी सिद्ध होगी।

गुणाकर मुले

'अमरावती'
सी-210, पांडव नगर
दिल्ली-110092

क्रम

बौधायन

विज्ञान का आरंभ कब से हुआ ?

असल में विज्ञान उतना ही प्राचीन है जितना कि मनुष्य। आज से करीब पाँच लाख साल पहले मनुष्य का इस धरती पर उदय हुआ। मनुष्य ने अपने हाथ में डंडा पकड़ा। इससे उसके हाथ को शक्ति मिली। मनुष्य ने फिर पत्थरों के हथियार बनाए। उसने आग की खोज की। डंडा, पत्थर के हथियार और आग प्राचीन मानव के आविष्कार थे।

लाखों साल तक मनुष्य पत्थर के हथियारों का इस्तेमाल करता रहा। फिर उसने ताँबे की खोज की। ताँबे के साथ करीब दस प्रतिशत राँगा मिलाने से काँसा बनता है। काँसे या पीतल के हथियार ताँबे के हथियारों से अधिक मजबूत होते हैं। ताँबे और काँसे की खोज एक बहुत बड़ा आविष्कार था। आज से करीब पाँच हजार साल पहले की भारत की सिंधु-सभ्यता के लोग ताँबे और काँसे के ही औजार बनाते थे। उस समय पत्थरों के औजारों का भी इस्तेमाल होता था। लेकिन उस समय अभी लोहे के औजारों का ज्ञान नहीं हुआ था।

फिर भी सिंधु-सभ्यतावालों ने बहुत उन्नति की थी। उनके मोहेंजोदड़ो और हड़प्पा जैसे बड़े-बड़े नगर थे। इन नगरों की सड़कें चौड़ी और सीधी होती थीं। पानी के निकास के लिए नालियाँ बनी थीं। योजना के अनुसार मकान बनते थे। इन सब बातों से पता चलता है कि उस समय के लोगों को अंकगणित और रेखागणित का अच्छा ज्ञान था। वे लोग लिखना भी जानते थे। सिंधु-सभ्यतावालों को आकाश के ग्रह-नक्षत्र, औषधियों आदि का भी अच्छा ज्ञान रहा होगा।

आज से करीब साढ़े तीन हजार साल पहले हमारे देश में आर्यलोग आए। आर्यलोग अपने साथ लोहे का ज्ञान भी ले आए। तब से लौहयुग का आरंभ हुआ। आर्यों का मुख्य धर्म था यज्ञकर्म। कई प्रकार के यज्ञ होते थे। इनमें देवताओं के लिए आहुतियाँ दी जाती थीं। आर्यलोग यज्ञ करके अपने देवताओं को खुश करने का प्रयत्न करते थे। इसलिए इन यज्ञों का उनके लिए बड़ा महत्त्व था।

आर्यों के जीवन तथा धर्म-कर्म के बारे में **वेदों** में जानकारी मिलती है। बाद में इस देश में फैल जाने पर आर्यों ने यज्ञकर्म के बारे में बहुत सारे नियम बनाए। यज्ञ किस समय करने चाहिए, कैसे करने चाहिए, आदि के बारे में उन्होंने पुस्तकें लिखीं। इन्हीं पुस्तकों में हमें उस समय के विज्ञान के बारे में जानकारी मिलती है।

उस समय के लोग खुले आकाश के नीचे विचरण करते थे। इससे उन्हें सूरज, चाँद और सितारों की गतियों का अच्छा ज्ञान हो गया था। इन्हीं गतियों के

आधार पर वे समय का हिसाब रखते थे। यज्ञ के लिए समय का बड़ा महत्त्व था। इसलिए उस समय ज्योतिष पर कुछ पुस्तकें लिखी गईं। उस समय की लिखी हुई इसी प्रकार की एक पुस्तक है **वेदांग-ज्योतिष**। यह पुस्तक **महात्मा लगध** ने लिखी थी।

यज्ञों के लिए नाना आकार-प्रकार की वेदियाँ बनती थीं। यज्ञ कई प्रकार के होते थे। उसी प्रकार वेदियाँ भी कई प्रकार की होती थीं। हर यज्ञ के लिए एक खास प्रकार की वेदी बनाई जाती थी। उस समय के लोगों का विश्वास था कि यदि यज्ञ की वेदी नियम के अनुसार न बने तो यज्ञ का फल नहीं मिलता, उलट हानि होती है। वेदियाँ रेखागणित के नियम के अनुसार बनती थीं। इस प्रकार हमारे देश में रेखागणित के अध्ययन की शुरुआत हुई।

वेद थोड़े पुराने पड़ गए, तो उन्हें समझने के लिए नए शास्त्रों का निर्माण किया गया। भाषा समझने के लिए व्याकरण की पुस्तकें लिखी गईं। आकाश के ग्रह-नक्षत्रों की गतियों को समझने के लिए ज्योतिष की पुस्तकें लिखी गईं। इसी प्रकार धर्म-कर्म के नियमों को समझाने के लिए भी पुस्तकें लिखी गईं। धर्म-कर्म और यज्ञ आदि के नियमों को समझाने के लिए जो पुस्तकें लिखी गईं उन्हें **कल्पसूत्र** कहते हैं। इस प्रकार छह शास्त्रों यानी विषयों पर पुस्तकें लिखी गईं। इन छह शास्त्रों को वेदों के अंग या **वेदांग** कहते हैं।

कल्पसूत्रों में धर्म-कर्म के नियम बतलाए गए हैं।

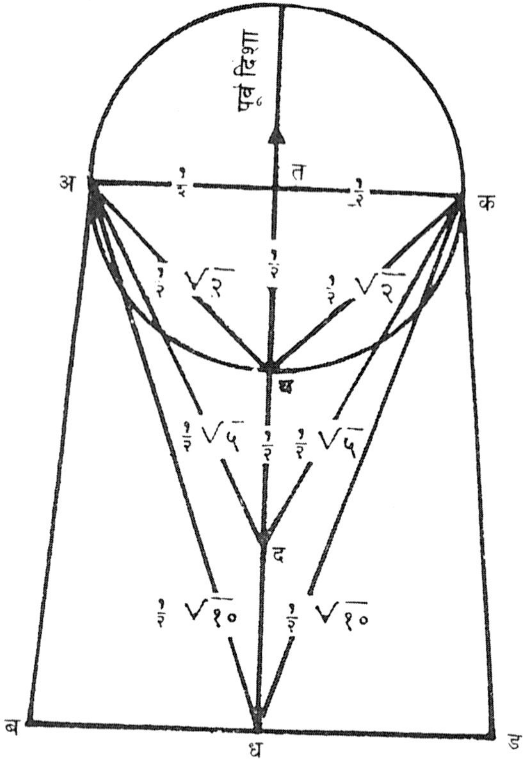

महावेदी

वेदियों में महांवेदी को विशेष महत्त्व प्राप्त था। यह समद्विबाहु-सम्लंब (चतुर्भज) के आकार की होती थी (अबकड चतुर्भुज)। इसकी आधार-रेखा 30 प्रक्रम (पद या कदम) होती थी; सामने की लंबाई 24 प्रक्रम और ऊँचाई 36 प्रक्रम। अक भुजा सदैव पूर्व की ओर रहती थी।

शुल्वसूत्रकार **आपस्तंब** ने महावेदी के निर्माण के चार तरीके दिए हैं, जो 'शुल्व-प्रमेय' (पाइथेगोर का प्रेमय) पर आधारित हैं। आज स्कूल का कोई भी विद्यार्थी इस वेदी को आसानी से बना सकता है। इस महावेदी की रचना से कई प्रकार के वर्गमूल भी प्राप्त किए जा सकते हैं, जिन्हें ऊपर की आकृति में दिया गया है।

इन कल्पसूत्रों के एक प्रकरण में यज्ञों की वेदियाँ बनाने के नियम दिए गए हैं। जिन प्रकरणों या पुस्तकों में वेदियों के निर्माण के नियम बताए गए हैं उन्हें **शुल्वसूत्र** कहते हैं। 'शुल्व' का अर्थ है रस्सी या रस्सी से मापना। वेदियों की लंबाई, चौड़ाई और ऊँचाई को रस्सी या धागों से मापा जाता था, इसलिए जिन पुस्तकों में इनके बारे में नियम दिए गए उन्हें शुल्वसूत्रों का नाम मिला। दरअसल, इन्हीं शुल्वसूत्रों में हमारे देश का प्राचीन रेखागणित देखने को मिलता है।

पुराने जमाने में वेदों के अध्ययन की कई शाखाएँ थीं। हर शाखा ने अपने-अपने वेदांग-ग्रंथों की रचना की। इस प्रकार, पुराने जमाने में कई शुल्वसूत्र लिखे गए थे। पर आज वे सारे शुल्वसूत्र नहीं मिलते। आज केवल सात शुल्वसूत्र ही मिलते हैं। इनके नाम हैं : बौधायन-शुल्वसूत्र, आपस्तंब-शुल्वसूत्र, कात्यायन-शुल्वसूत्र, मानव-शुल्वसूत्र, मैत्रायणी-शुल्वसूत्र, वराह-शुल्वसूत्र और वाधुल-शुल्वसूत्र। बौधायन, आपस्तंब, कात्यायन आदि इन शुल्वसूत्रों के लेखकों के नाम हैं। इस प्रकार बौधायन, आपस्तंब आदि हमारे देश के प्राचीन ज्यामितिकार हैं। इन शुल्वसूत्रों में वेदी बनाने के नियम लगभग एक से ही हैं। इन सात शुल्वसूत्रों में बौधायन का शुल्वसूत्र संभवतः सबसे प्राचीन है। इसीलिए हमने इस प्रकरण के शीर्षक के लिए **बौधायन** नाम पसंद किया है। बौधायन, कात्यायन आदि के जीवन के बारे में हमें कोई जानकारी नहीं मिलती।

सवाल है कि ये शुल्वसूत्र कब लिखे गए ? आज से करीब साढ़े तीन हजार साल पहले वेदों की रचना हो चुकी थी। वेदों के चार-पाँच सौ साल बाद इन शुल्वसूत्रों की रचना हुई होगी। विद्वानों का अनुमान है कि आज से ढाई-तीन हजार साल पहले ये शुल्वसूत्र लिखे जा चुके थे। जो भी हो, इतना निश्चित है कि यूनान के प्रसिद्ध गणितज्ञ **पाइथेगोर** (ईसा पूर्व छठी सदी) और **यूक्लिद** (लगभग 300 ई. पू.) के पहले हमारे देश में ये शुल्वसूत्र लिखे जा चुके थे। इन्हीं शुल्वसूत्रों में हमारे देश की प्राचीन ज्यामिति के दर्शन होते हैं। उस काल की इस ज्यामिति को हम **शुल्व-विज्ञान** कह सकते हैं।

आजकल का ज्यामिति शब्द यूनानी शब्द 'ज्यॉमिट्री' से बना है। पुराने जमाने में हमारे देश में ज्यामिति को रेखागणित कहते थे। यूनानियों ने मिस्र और बेबीलोनवालों से ज्यामिति तथा ज्योतिष का ज्ञान प्राप्त किया था। ईसा पूर्व सातवीं-छठी शताब्दी के यूनानी विद्वान **थेल** और उनके शिष्य **पाइथेगोर** ने यूनान में ज्यामिति की नींव रखी थी। बाद में, 300 ई. पू. के आसपास, यूनानी गणितज्ञ **यूक्लिद** ने ज्यामिति के बारे में अपनी प्रसिद्ध पुस्तक लिखी। आज सारे संसार में जो ज्यामिति पढ़ाई जाती है, वह थोड़े हेरफेर के साथ मूलतः यूक्लिद की ही ज्यामिति है।

इसका मतलब यह नहीं है कि पुराने जमाने में हमारे देश में ज्यामिति या रेखागणित का अध्ययन नहीं होता था। हम बता चुके हैं कि सबसे पहले शुल्वसूत्रों में हमें

रेखागणित के नियम देखने को मिलते हैं। बाद में हमारे देश के आर्यभट, ब्रह्मगुप्त, भास्कराचार्य आदि महान गणितज्ञों ने रेखागणित के बारे में बहुत-कुछ लिखा। पर हमारे देश में अंग्रेजी शिक्षा चालू हो जाने पर यूक्लिद की ज्यामिति पढ़ाई जाने लगी। असल में, यूक्लिद की ज्यामिति में कई गुण हैं। उसमें धर्म-कर्म की बातें नहीं हैं। यूक्लिद ने तर्कशास्त्र के नियमों में बड़े ही सुंदर ढंग से अपनी ज्यामिति को रचा है। इसीलिए आज भी सारे संसार में ज्यामिति का अध्ययन उसी ढंग से होता है।

पर हमें यह नहीं भूलना चाहिए कि यूक्लिद के भी पहले हमारे देश में ज्यामिति का अध्ययन होता था और ज्यामिति के कई प्रसिद्ध नियम खोजे गए थे। उदाहरण के लिए, ज्यामिति का एक प्रसिद्ध प्रमेय लो। यह प्रमेय है—"किसी भी आयत के विकर्ण पर खींचा गया वर्ग क्षेत्रफल में उन दोनों वर्गों के योग के समान होता है जो दोनों भुजाओं पर खींचे जाएँ।"

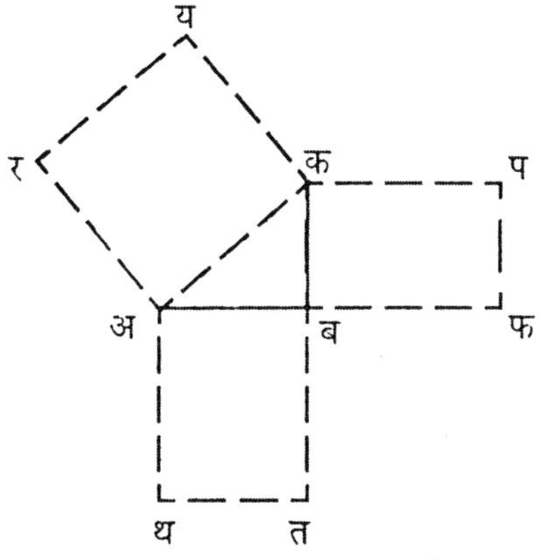

यह नियम 'पाइथेगोर का नियम' के नाम से प्रसिद्ध है। पर ज्यामिति का यह प्रसिद्ध प्रमेय हमारे शुल्वसूत्रों में भी देखने को मिलता है। इसी नियम को **बौधायन** ने निम्न प्रकार से उस समय की संस्कृत भाषा में यों लिखा है—

"दीर्घचतुरस्रस्याक्ष्णयारज्जुः पार्श्वमानी तिर्य्यङ्मानी। च यत्पृथग्भूते कुरुतस्तदुभयं करोति।"

पाइथेगोर के प्रमेय का एक नतीजा यह निकलता है कि, किसी भी समकोण त्रिभुज में इसके कर्ण की लंबाई का वर्ग इसकी शेष दो भुजाओं की लंबाइयों के वर्गों के योग के बराबर होता है। जैसे, किसी समकोण त्रिभुज की दो भुजाएँ क्रमशः 3 और 4 लंबाई की हैं और कर्ण की लंबाई 5 है, तो इन तीनों लंबाइयों के बीच का संबंध-सूत्र होगा : $5^2 = 3^2 + 4^2$। ज्यामिति में यह सूत्र बड़े उपयोग का है। आज हमें बताया जाता है कि इस सूत्र की खोज पाइथेगोर ने की थी। पर हम देखते हैं कि आज से करीब ढाई हजार साल पहले हमारे शुल्वसूत्रकार इस सूत्र की खोज कर चुके थे। शुल्वसूत्रों में निम्न प्रकार के अनेक संबंध-सूत्र देखने को मिलते हैं :

$$9^2 + 12^2 = 15^2,$$

$12^2 + 16^2 = 20^2$, इत्यादि।

पाइथेगोर का विश्वास था कि संसार की सारी वस्तुओं को संख्याओं में व्यक्त किया जा सकता है। इसीलिए उन्होंने कहा था कि यह संसार संख्यामय है। वे तथा उनके शिष्य संख्याओं के भक्त थे! उनका ख़याल

था कि सभी लंबाइयों को ठीक-ठीक मापा जा सकता है। पर बाद में उन्हें पता चला कि उनका यह ख़याल सही नहीं है। इस बात को समझने के लिए एक ऐसा त्रिभुज लो जिसकी दो भुजाएँ एक-एक लंबाई की हों। तब स्वयं पाइथेगोर के नियम के अनुसार इस त्रिभुज के कर्ण की लंबाई होगी, $1^2 + 1^2$ = '2 का वर्गमूल'। पर '2 का वर्गमूल' कितना होता है? दरअसल, 2 का ठीक-ठीक वर्गमूल जानना संभव नहीं है। 'वर्गमूल 2' को आज हम $\sqrt{2}$ के रूप में लिखते हैं। गणितज्ञों ने ऐसी संख्याओं को **अपरिमेय संख्याओं** का नाम दिया है।

कहते हैं कि पाइथेगोर को जब इन अपरिमेय-संख्याओं का पता चला तो उसने इनकी जानकारी को गुप्त रखा था। इनकी खोज होने पर उसने एक बैल की बलि भी दी थी! इन संख्याओं के बारे में यदि लोगों को पता चलता तो वे पाइथेगोर के सिद्धांत का मज़ाक जो उड़ाते!

पर हमारे शुल्वसूत्रकारों को इन अपरिमेय संख्याओं का अच्छा ज्ञान था। वे वर्गमूल के लिए 'करणी' शब्द इस्तेमाल करते थे और $\sqrt{2}$ को 'करणी 2' के रूप में लिखते थे। शुल्वसूत्र में 'करणी 2' के लिए मान मिलता है :

$$\sqrt{2} = 1 + \frac{1}{3} + \frac{1}{3 \times 4} - \frac{1}{3 \times 4 \times 34},$$

$$= 1.4142156863 \ldots$$

आधुनिक गणना के अनुसार :

$$\sqrt{2} = 1.41421356\cdots,$$

इस प्रकार, हम देखते हैं कि उस जमाने में हमारे देश के शुल्वसूत्रकारों को यूक्लिद की ज्यामिति के कई नियम ज्ञात थे। तरह-तरह के आकारों की वेदियाँ बनानी पड़ती थीं। ख़ास अवसरों के लिए ख़ास प्रकार के यज्ञ करने के नियम थे। वेदियों के आकार निश्चित कर दिए गए थे। जैसे, गार्हपत्य यज्ञ के लिए वेदी का आकार वर्गाकार होता था। आहवनीय यज्ञ के लिए वेदी का आकार वृत्ताकार होता था। दक्षिण यज्ञ के लिए वेदी अर्धवृत्ताकार होती थी।

कभी-कभी एक आकार की वेदी को दूसरे आकार की वेदी में बदलना पड़ता था, पर क्षेत्रफल ज्यों-का-त्यों बनाए रखना पड़ता था। जैसे, वर्गाकार वेदी को वृत्ताकार वेदी में बदलना। इस प्रकार, वेदियों के निर्माण के लिए शुल्वसूत्रों में दर्जनों नियम दिए गए हैं। यहाँ एक बात हमें जान लेनी चाहिए कि शुल्वसूत्रकारों ने वेदियों की रचना के तरीके तो बतलाए हैं, किंतु रचना के इन तरीकों के बारे में उन्होंने ज्यामिति के तार्किक नियमों की रचना नहीं की। कई बार हमें यह पता नहीं चलता कि उन्होंने इन तरीकों को कैसे खोज निकाला।

लेकिन यूक्लिद की ज्यामिति तार्किक नियमों पर आधारित है। यूक्लिद की ज्यामिति शुद्ध ज्यामिति है। यही कारण है कि आज भी यूक्लिद की ज्यामिति संसार-भर के स्कूल-कॉलेजों में पढ़ाई जाती है। पर हमें

यह भी स्मरण रखना चाहिए कि यूक्लिद के पहले हमारे देश में ज्यामिति के कई महत्त्वपूर्ण नियम खोजे जा चुके थे और उस समय हमारे देश में ज्यामिति **शुल्व-विज्ञान** के रूप में जानी जाती थी।

चरक

रोग उतने ही पुराने हैं, जितना कि मनुष्य। बल्कि हम यह भी कह सकते हैं कि रोग मनुष्य से भी अधिक प्राचीन हैं। मनुष्य से पहले हमारी इस धरती पर बड़े-बड़े प्राणी विचरण करते थे। उन्हें भी रोग होते ही होंगे।

बहुत पुराने जमाने के आदमी भी रोगों के इलाज के बारे में थोड़ी-बहुत जानकारी रखते होंगे। उस समय जंगल की जड़ी-बूटियों और वनस्पतियों से आदमी का अधिक संबंध था। इसलिए उसे इनके गुणों का भी ज्ञान हो गया था। रोगों के इलाज के लिए जड़ी-बूटियाँ बड़ी गुणकारी होती हैं। वैद्य का पेशा बहुत पुराना है। लेकिन पुराने जमाने की यह वैद्यकी एक प्रकार की ओझाई ही थी। उस समय के ओझा लोग जड़ी-बूटियों के साथ जादू-टोने का भी इस्तेमाल करते थे। **अथर्ववेद** में इस प्रकार के इलाज के अनेक उदाहरण मिलते हैं। आजकल भी हमारे देहातों में ओझाई का यह धंधा चलता है।

हमारे यहाँ पुराने जमाने में ब्रह्मा को सृष्टि का जनक माना गया था। कथाएँ हैं कि ब्रह्मा ने आदमियों को पैदा किया। आदमी के साथ रोग पैदा हुए। फिर इन

रोगों के इलाज का ज्ञान भी पैदा करना जरूरी था। इसलिए पुराने ग्रंथों में लिखा हुआ मिलता है कि ब्रह्मा ही पहले वैद्य हुए। दरअसल, ब्रह्मा-जैसा कोई व्यक्ति नहीं था। जहाँ भी ब्रह्मा का नाम आए वहाँ समझ लेना चाहिए कि यह बहुत पुरानी बात है।

आयुर्वेद के पुराने ग्रंथों में कहानियाँ मिलती हैं कि ब्रह्मा ने आयुर्वेदशास्त्र का ज्ञान प्रजापति को बतलाया। प्रजापति से यह ज्ञान अश्विनीकुमारों ने सीखा। वैदिक साहित्य में अश्विनीकुमारों के चमत्कारिक इलाजों के बारे में कई कथाएँ मिलती हैं। अश्विनीकुमारों से यह ज्ञान इंद्र ने सीखा। इंद्र आर्यों के सबसे बड़े देवता थे। यहाँ तक इस कथा को काल्पनिक ही समझना चाहिए। इसके बाद आयुर्वेद के ग्रंथों में अलग-अलग कथाएँ मिलती हैं। **चरक-संहिता** ग्रंथ में आगे की कथा इस प्रकार है :

आर्यों के जीवन में रोग विघ्न डालने लगे। इससे ऋषियों को चिंता होने लगी। इस संकट पर विचार करने के लिए हिमालय की तराई में बहुत-से ऋषियों का एक सम्मेलन हुआ। इन ऋषियों ने **भरद्वाज** को अपना नेता चुना और आयुर्वेद का ज्ञान प्राप्त करने के लिए भरद्वाज को इंद्र के पास भेजा गया। भरद्वाज इंद्र के पास गए। इंद्र ने भरद्वाज को आयुर्वेद का ज्ञान बतलाया। बाद में भरद्वाज ने यह ज्ञान **आत्रेय-पुनर्वसु** को बताया।

आगे आत्रेय-पुनर्वसु ने यह ज्ञान अपने छह शिष्यों को बताया। ये छह शिष्य थे—अग्निवेश, भेल, जतूकर्ण,

पराशर, हारीत और क्षारपाणि। बाद में इन शिष्यों ने अपने-अपने आयुर्वेद-ग्रंथ लिखे। इनमें अग्निवेश का ग्रंथ अधिक प्रसिद्ध हुआ। चरक-संहिता में अग्निवेश ने आत्रेय के ज्ञान का ही संग्रह किया है।

इस प्रकार हम देखते हैं कि इस आख्यान के अनुसार आयुर्वेद की परंपरा बहुत प्राचीन है। इनमें भरद्वाज, पुनर्वसु और अग्निवेश को हम ऐतिहासिक व्यक्ति मान सकते हैं। भगवान बुद्ध के समय में मगध देश में **जीवक** नाम के एक प्रसिद्ध वैद्य हुए। आयुर्वेद का अध्ययन करने के लिए वे तक्षशिला गए थे। वहाँ उन्होंने आचार्य आत्रेय के पास रहकर चिकित्साशास्त्र का अध्ययन किया था। आत्रेय-पुनर्वसु संभवतः आज से लगभग ढाई हजार साल पहले हुए।

'चरक-संहिता' आयुर्वेदशास्त्र का सबसे पुराना ग्रंथ है। दरअसल, इस ग्रंथ में आत्रेय के ज्ञान का संग्रह किया गया है। चरक-संहिता के प्रत्येक अध्याय के आरंभ में लिखा हुआ मिलता है, "भगवान आत्रेय ने इस प्रकार कहा।" कुछ अध्यायों के अंत में लिखा हुआ मिलता है कि, "इस तंत्र यानी शास्त्र को आचार्य अग्निवेश ने तैयार किया, चरक ने इसका संपादन किया और दृढ़बल ने इसे पूरा किया।" इस प्रकार हम देखते हैं कि आज 'चरक-संहिता' नाम का जो ग्रंथ मिलता है उसका ज्ञान मूलतः आत्रेय-पुनर्वसु के उपदेशों पर आधारित है। अग्निवेश ने इस ज्ञान को ग्रंथ का रूप दिया, चरक ने

इसमें संशोधन किया और बाद में दृढ़बल ने इसमें नए अध्याय जोड़े ।

पर ग्रंथ को 'चरक-संहिता' नाम मिला, इसलिए लोग इसे अब चरक की ही रचना मानते हैं । पर यह बात सही नहीं है । हमारे देश में चरक नाम के अनेक व्यक्ति हुए हैं । अग्निवेश का आयुर्वेद-ज्ञान उनकी शिष्य-परंपरा में चलता रहा होगा । ये शिष्य एक स्थान से दूसरे स्थान में चलते रहकर रोगियों का इलाज करते होंगे । निरंतर चलते रहने के कारण ही इस ज्ञान को 'चरक' का नाम दिया गया होगा । यह भी संभव है कि चरक नाम के किसी वैद्य ने ही इस ज्ञान का संशोधन एवं संपादन किया हो ।

पर चरक कब हुए, कहाँ पैदा हुए, इसके बारे में हमें कोई जानकारी नहीं मिलती । एक चीनी बौद्ध-ग्रंथ में उल्लेख मिलता है कि चरक नाम के एक वैद्य राजा कनिष्क के दरबार में रहते थे । कनिष्क का समय है ईसा की पहली शताब्दी । इसलिए हम मान सकते हैं कि ईसा की पहली शताब्दी में चरक ने इस संहिता का संपादन किया होगा । चरक-संहिता उत्तर भारत में ही रची गई है, क्योंकि इसमें उत्तर भारत के ही स्थानों के उल्लेख मिलते हैं ।

असल में हमें चरक-संहिता के बारे में ही जानकारी प्राप्त करनी है । हमने यह भी देखा है कि यह ग्रंथ किसी एक वैज्ञानिक की रचना नहीं है । इसमें आत्रेय-पुनर्वसु, अग्निवेश, चरक और दृढ़बल के ज्ञान का समावेश हुआ

है। दृढ़बल शायद कश्मीर के रहनेवाले थे और वे तीसरी या चौथी सदी में हुए होंगे।

चरक-संहिता आयुर्वेदशास्त्र का सबसे प्राचीन ग्रंथ है। न केवल देश में, बल्कि विदेश में भी इसकी ख्याति फैल चुकी थी। अरबी भाषा में भी इस ग्रंथ का अनुवाद हुआ था। मध्य-एशिया के प्रसिद्ध यात्री **अल्बेरूनी** (ग्यारहवीं सदी) लिखते हैं—''हिंदुओं की एक पुस्तक है, जो चरक के नाम से प्रसिद्ध है। यह औषधि-विज्ञान की सर्वश्रेष्ठ पुस्तक मानी जाती है। दंतकथा है कि द्वापर-युग में अग्निवेश नाम के एक ऋषि हुए, पर बाद में उन्हें चरक कहा जाने लगा।'' चरक-संहिता में चीनी, यवन, पह्लव, शक, वाह्लिक आदि विदेशी जातियों का तथा उनके खान-पान आदि का भी विवरण मिलता है।

'चरक-संहिता' संस्कृत भाषा में है और गद्य तथा पद्य में लिखी गई है। इसे आठ स्थानों और 120 अध्यायों में बाँटा गया है। आठ स्थान और उनमें बतलाई गई बातें संक्षेप में इस प्रकार हैं :

1. सूत्रस्थान : इसमें औषधि-विज्ञान, आहार, पथ्यापथ्य, विशेष रोग और शरीर तथा मन के रोगों की चिकित्सा का वर्णन है।

2. निदानस्थान : रोग के कारणों का पता लगाने को निदान कहते हैं। इसमें आठ प्रमुख रोगों की जानकारी दी गई है।

3. विमानस्थान : इस प्रकरण में रुचिकर और शरीरवर्धक भोजन के बारे में जानकारी है।

4. शारीरस्थान : इस प्रकरण में शरीर की रचना, गर्भ में बालक का जन्म तथा विकास कैसे होता है, आदि बातें बतलाई गई हैं।

5. इंद्रियस्थान : इसमें रोगों की चिकित्सा का वर्णन है।

6. चिकित्सास्थान : इसमें ख़ास रोगों के लिए कुछ ख़ास इलाज बतलाए गए हैं।

7-8. कल्पस्थान और सिद्धिस्थान : इनमें छोटे-मोटे इलाजों के बारे में जानकारी दी गई है।

हमें यह जान लेना चाहिए कि चरक-संहिता में शरीर की चिकित्सा अर्थात् काय-चिकित्सा का ही वर्णन है। इसमें शल्य-चिकित्सा (सर्जरी) की जानकारी नहीं मिलती। शल्य-चिकित्सा के बारे में जिस ग्रंथ में जानकारी मिलती है, उसका नाम है 'सुश्रुत-संहिता'। चरक-संहिता में तंबाकू, नाड़ी-परीक्षा और पारे की औषधियों के बारे में भी कोई जानकारी नहीं मिलती।

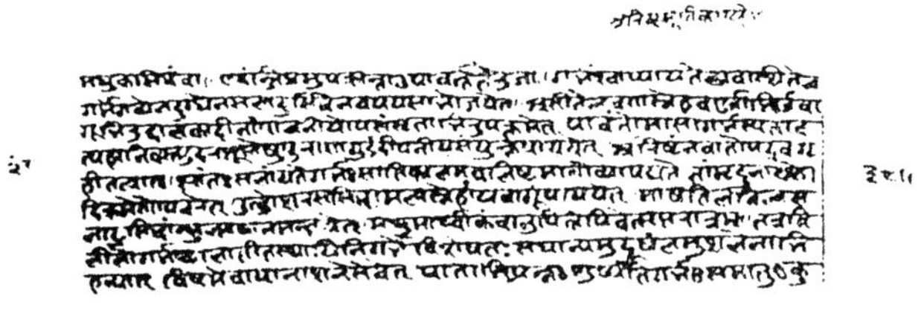

चरक संहिता की हस्तलिपि का एक पृष्ठ

पर चरक-संहिता में उपचार और औषधियों के बारे में अच्छी जानकारी दी गई है। इसलिए आज भी वैद्य लोग इस ग्रंथ का इस्तेमाल करते हैं। माँ के गर्भ में बालक किस प्रकार जन्म लेता है और धीरे-धीरे वह कैसे बढ़ता है, इसके बारे में तो चरक ने बहुत ही अच्छी जानकारी दी है। चरक ने यह भी बताया है कि वात, पित्त और कफ़ में से किसी एक या दो की कम-बेशी से शरीर में रोग कैसे उत्पन्न होते हैं। चरक-संहिता में शरीर की केवल 360 हड्डियों का उल्लेख मिलता है। इसमें आँख के 96 रोग बतलाए गए हैं। औषधियाँ मुख्यतः वनस्पति से तैयार की जाती थीं। सभी औषधियों को 50 भागों में बाँटा गया है।

आजकल के विद्यार्थी जब चिकित्साशास्त्र का अध्ययन पूरा करते हैं तो उन्हें उपाधि लेते समय एक शपथ लेनी पड़ती है। इसे 'हिप्पोक्रेत की शपथ' कहते हैं। ईसा पूर्व पाँचवीं शताब्दी में यूनान में हिप्पोक्रेत नाम के एक प्रसिद्ध वैद्य हुए थे। आत्रेय-पुनर्वसु और हिप्पोक्रेत का समय संभवतः एक ही है। हिप्पोक्रेत ने परंपरा चलाई थी कि चिकित्सा का अध्ययन करने के बाद विद्यार्थी को शपथ लेनी चाहिए। पाश्चात्य पद्धति से आधुनिक चिकित्साशास्त्र का अध्ययन करनेवाले विद्यार्थी आज भी हिप्पोक्रेत की यह शपथ लेते हैं।

हमारे देश में भी चिकित्साशास्त्र के विद्यार्थियों को शपथ दिलाने की परंपरा रही है। चरक-संहिता में वैद्य का व्यवसाय करनेवालों के लिए ये हिदायतें दी गई हैं :

''चिकित्सा-कार्य में यश प्राप्त करने के लिए, कीर्तिलाभ के लिए, मरने के बाद स्वर्ग जाने के लिए तुम्हें गो-ब्राह्मणों का विशेष खयाल रखते हुए प्राणिमात्र के कल्याण की कामना करनी चाहिए। हर रोज, उठते-बैठते, तुम्हें पूरी शक्ति के साथ रोगियों को आरोग्यलाभ कराने का प्रयत्न करना चाहिए। रोगियों से किसी भी हालत में शत्रुता नहीं रखनी चाहिए। रोगी के घर की बातों को बाहर नहीं बतलाना चाहिए। पंडित होने पर भी अपने ज्ञान के बारे में बहुत डींग नहीं मारनी चाहिए। आयुर्वेद का पंडित होना आसान नहीं है, इसलिए हमेशा ज्ञान के संचय में लगे रहना चाहिए। बुद्धिमानों के लिए सारा संसार ही गुरु है; शत्रु तो केवल मूर्खों के लिए हैं।'' इत्यादि।

पर यह बड़े आश्चर्य की बात है कि चरक-संहिता में केवल ब्राह्मण, क्षत्रिय और वैश्य के लिए ही आयुर्वेद पढ़ने की अनुमति दी गई है। इससे पता चलता है कि उस ज़माने में जात-पाँत का बोलबाला था, शूद्रों को अस्पृश्य समझा जाता था और उनके रोगों के इलाज की कोई ठीक व्यवस्था नहीं थी। पर बाद के वैद्याचार्य इतने कट्टर नहीं थे। **भावमिश्र** ने स्पष्ट लिखा है कि शूद्रों को भी आयुर्वेद का अध्ययन करना चाहिए।

चरक-संहिता पर बाद में अनेक टीकाएँ लिखी गईं। नया कुछ नहीं जोड़ना और पुराने ग्रंथों पर टीकाएँ लिखते रहना प्रगति का लक्षण नहीं है। बड़े खेद की बात है कि चरक-संहिता के बाद ऐसा उत्तम ग्रंथ हमारे देश में फिर

नहीं लिखा गया। सातवीं या आठवीं शताब्दी में **वाग्भट** नाम के एक प्रसिद्ध वैद्याचार्य ने **अष्टांग-संग्रह** नाम का ग्रंथ लिखा। वह ग्रंथ उत्तम होने पर भी पुराणपंथी लोगों ने वाग्भट को 'कलियुग का चिकित्सक' घोषित कर दिया! इस प्रकार की पुराणपंथी या रूढ़िवादिता के कारण ही हमारे देश में विज्ञान की प्रगति रुक गई थी। असल में अपने समय में चरक-संहिता, न केवल भारत में, बल्कि संसार के चिकित्सा-साहित्य में एक अद्भुत ग्रंथ था। इसीलिए इस ग्रंथ की देश-विदेश में प्रसिद्धि हुई थी। पाश्चात्य विद्वान भी स्वीकार करते हैं कि चरक और सुश्रुत के समय में भारतीय चिकित्साशास्त्र यूनानी चिकित्साशास्त्र से बहुत आगे था।

कौमारभृत्य जीवक

आज से लगभग ढाई हजार वर्ष पहले का भारत। उस समय मगध देश पर राजा बिंबसार का राज्य था। राजगृह नगर मगध देश की राजधानी था। यह नगर आजकल के पटना शहर के दक्षिण-पूर्व की ओर 100 किलोमीटर दूर था।

उसी समय मगध राज्य के उत्तर में वज्जी गणसंघ का शासन था। इस गणराज्य की राजधानी वैशाली नगरी में थी। मगध देश पर एक राजा का शासन था, तो वैशाली के गणसंघ पर, आजकल की तरह, जनता के प्रतिनिधियों का शासन था। वैशाली की जनता बड़ी सुखी थी। वैशाली में बड़े-बड़े मकान थे, सुंदर बगीचे थे। किंतु वैशाली की सबसे खूबसूरत चीज़ थी नगर-गणिका अंबपाली। उस जमाने में नगर की सबसे सुंदर तरुणी को गणिका बनाया जाता था। गणिका नृत्य-गायन से नागरिकों का मनोरंजन करती थी। उस जमाने में गणिकाओं को बड़ा सम्मान प्राप्त था। राजे-महाराजे भी उनके दर्शन के लिए उतावले रहते थे।

वैशाली की नगरवधू अंबपाली अपने रूप-सौंदर्य के लिए दूर-दूर तक मशहूर थी। एक बार का किस्सा है। राजगृह के कुछ नागरिक किसी काम से वैशाली आए। उन्होंने अंबपाली के रूप और वैभव को देखा। राजगृह लौटकर उन्होंने राजा बिंबसार से निवेदन किया– 'महाराज, वैशाली की तरह हमारे नगर में भी एक गणिका होनी चाहिए।'

राजा ने अपनी अनुमति दे दी। सालवती नाम की एक रूपवती कुमारी को राजगृह की नगर-गणिका चुना गया। थोड़े ही दिनों में अंबपाली की तरह सालवती की कीर्ति भी दूर-दूर तक फैल गई। कुछ दिनों बाद उसके पेट में गर्भ रह गया। उसने सोचा कि लोगों को यदि इस बात का पता चल जाएगा तो वे उसके पास नहीं आएँगे, उसका सत्कार नहीं करेंगे। इसलिए उसने बीमारी का बहाना बनाया और लोगों से मिलना-जुलना बंद कर दिया। कुछ दिनों बाद उसे एक बच्चा हुआ। उसने अपनी एक दासी को बुलाकर कहा–'इस बच्चे को सूप मे रखकर कूड़े के ढेर पर फेंक आओ।' दासी ने वैसा ही किया।

उसी समय राजकुमार अभय उस रास्ते से गुजर रहा था। कूड़े के ढेर पर उसकी नज़र पड़ी तो उसने देखा कि वहाँ कौओं से घिरी हुई कोई चीज़ पड़ी हुई है। उसने अपने चाकरों से पूछा–'वहाँ क्या है?'

चाकरों ने पता लगाकर बताया–'बच्चा है देव। जिंदा है!'

राजकुमार ने आदेश दिया—'इसे हमारे अंतःपुर में ले जाओ और दाइयों से कहो कि इसकी अच्छी तरह देखभाल करें।'

उस बालक का नाम रखा गया **जीवक**। राजकुमार ने उसका लालन-पालन किया था, इसलिए उसे **कौमारभृत्य जीवक** भी कहते है। यही बालक आगे जाकर एक प्रसिद्ध चिकित्सक बना।

बहुत प्राचीन काल में मनुष्य जंगली अवस्था में रहता था। उस समय भी उसे रोगों का सामना करना पड़ता था। जंगल की जड़ी-बूटियों से इलाज करना वह जानता था। जिन रोगों का इलाज संभव नहीं था उनको दूर करने के लिए वह देवी-देवताओं से प्रार्थना करता था। रोगों का इलाज करनेवाले वैद्यों का पेशा बहुत पुराना है। पुराने जमाने के वैद्य जड़ी-बूटियों से इलाज तो करते ही थे, जादू-टोने का भी इस्तेमाल करते थे। इसलिए पुराने जमाने की चिकित्सा एक प्रकार की ओझाई ही थी।

इस प्रकार की चिकित्सा के उल्लेख सबसे पहले अथर्ववेद में मिलते हैं। इन उल्लेखों से पता चलता है कि वेद लिखनेवाले ऋषि-मुनि भी रोगों के शिकार होते थे। उस जमाने में मलेरिया जैसे बुखार को भी बहुत बड़ा रोग माना जाता था।

बाद में हमारे देश में चिकित्सा ने काफी उन्नति की। हमारे देश में आत्रेय, भृगु, चरक, सुश्रुत जैसे प्रसिद्ध चिकित्सक हुए। इन चिकित्सकों के ग्रंथ आज भी

मिलते हैं। जीवक का लिखा हुआ कोई ग्रंथ आज नहीं मिलता। परंतु जीवक के बारे में बौद्ध-धर्म के ग्रंथों में काफी जानकारी मिलती है। इसका कारण यह है कि जीवक भगवान बुद्ध के समय में जीवित थे। जीवक ने भगवान बुद्ध का भी इलाज किया था और उन्होंने दूसरे बौद्ध भिक्षुओं को भी इलाज के तरीके बतलाए थे।

जीवक के समय में यानी आज से ढाई हजार साल पहले तक्षशिला के विद्याकेंद्र की कीर्ति दूर-दूर तक फैली हुई थी। तक्षशिला नगर आजकल के पाकिस्तान के रावलपिंडी जिले में था। इस नगर के खंडहर आज भी मौजूद हैं। आर्यलोग जब भारत में आए तो उन्होंने उत्तर-पश्चिम भारत की इस बस्ती की स्थापना की होगी। बाद में आर्यलोग जब भारत के दूर-दूर के प्रदेशों में जाकर बस गए तब भी वे पढ़ाई-लिखाई के लिए तक्षशिला पहुँचते थे। तक्षशिला उस समय ज्ञान-विज्ञान का सबसे बड़ा केंद्र था।

जीवक जब बड़े हुए तो उनमें तक्षशिला जाकर वैद्य बनने की इच्छा जगी। राजकुमार को बिना बताए ही वे तक्षशिला की ओर चल दिए। राजगृह से तक्षशिला बहुत दूर है। उस जमाने में इस लंबी यात्रा में जीवक को क्या-क्या कष्ट झेलने पड़े होंगे, इसका सहज ही अंदाज लगाया जा सकता है। नाना प्रकार के कष्ट सहकर जीवक तक्षशिला पहुँचे। वहाँ उन्होंने एक आचार्य से वैद्यकी सीखना शुरू किया। उस जमाने के विद्यार्थी आचार्य की सेवा में रहकर ज्ञान अर्जित करते थे। एक

उल्लेख के अनुसार प्रसिद्ध वैद्य **आत्रेय-पुनर्वसु** ही जीवक के गुरु थे।

जीवक ने अपने गुरु के चरणों में बैठकर सात साल तक चिकित्साशास्त्र का अध्ययन किया। तब वे सोचने लगे कि कब इस पढ़ाई का अंत होगा? जीवक ने यही सवाल अपने आचार्य से पूछा। आचार्य ने कहा—'एक खंती ले लो और तक्षशिला के योजन-भर घेरे में ढूँढ-ढूँढ कर ऐसी कोई जड़ी-बूटी या वनस्पति खोज लाओ जिसका किसी रोग में इस्तेमाल न होता हो।'

जीवक ने तक्षशिला के योजन-भर घेरे में ऐसी वनस्पति की खूब खोज की। लेकिन उन्हें ऐसी कोई वनस्पति नहीं मिली जिसका किसी-न-किसी रोग के इलाज में इस्तेमाल न होता हो। जीवक ने आचार्य के पास आकर इस बात की सूचना दी। यह बात जानकर आचार्य बड़े खुश हुए। उन्होंने जीवक से कहा कि अब तुम चिकित्साशास्त्र में पारंगत हो गए। अब तुम्हारी पढ़ाई समाप्त हो गई है। अब तुम जाकर जनता की सेवा करो।

आचार्य का यह कथन ही उस जमाने का प्रमाणपत्र था। जीवक राजगृह की ओर वापस चल पड़े। आचार्य ने शिष्य के खर्च की थोड़ी व्यवस्था कर दी थी। जीवक चलते-चलते साकेत (अयोध्या) पहुँचे। वहाँ उन्हें पता चला कि एक सेठ की स्त्री सिर के भयानक दर्द से पीड़ित है। बड़े-बड़े वैद्यों ने उसका इलाज किया था, परंतु कोई लाभ नहीं हुआ। जीवक सेठ के दरवाजे पर पहुँचे और

एक नौकर से बोले—सेठानी से जाकर कहो कि एक वैद्य आए हैं, आपको देखना चाहते हैं।

सेठानी को जब पता चला कि कच्ची उम्र का एक लड़का उसका इलाज करने आया है, तो उसने नौकर से कहा—बड़े-बड़े वैद्य मेरा इलाज नहीं कर सके तो यह छोकरा क्या कर सकेगा? रहने दो।

नौकर ने जाकर यह बात जब जीवक को बताई तो उन्होंने कहा—जाओ, सेठानी से जाकर कहो कि वह मुझे तब तक कुछ न दे जब तक वह नीरोग न हो जाए।

सेठानी ने जीवक को भीतर बुलाया। जीवक ने अंजलि-भर घी मँगवाया, उसमें कई तरह की दवाइयां मिलाईं और सेठानी को उतान सुलाकर उन्होंने घी की वह दवाई उसके नाक में डाल दी। नाक में डाली हुई वह दवाइ मुँह से बाहर निकल आई। जीवक की इसी एक खुराक से सेठानी का सात साल पुराना रोग ठीक हो गया। नीरोग होने पर सेठानी ने जीवक को बहुत-सा धन दिया। सेठ और उसकी बहू ने भी बहुत-सा धन दिया और यात्रा के लिए घोड़ागाड़ी भी दी।

जीवक राजगृह पहुँचे। वे राजकुमार अभय से मिले। जीवक ने राजमहल के पास ही अपने लिए एक मकान बनवाया और वे उसमें रहने लगे। जीवक के इलाजों के बारे में बौद्ध-धर्म के ग्रंथों में कई दिलचस्प किस्से दिए हुए हैं। यहाँ पर हम दो-तीन किस्से दे रहे हैं।

उस समय राजा बिंबसार भगंदर की भयानक बीमारी से पीड़ित थे। इस रोग में गुदाद्वार के पास एक

फोड़ा होता है जो फूटने पर नासूर बन जाता है। खून इतना बहता है कि धोती भीग जाती है। महाराज की यह दशा देखकर उनकी रानियाँ उनका मज़ाक उड़ाती थीं। महाराज बेचारे चुपचाप सुन लेते थे। एक दिन राजकुमार अभय ने राजा से कहा—हमारा जीवक बहुत अच्छा वैद्य है, महाराज का इलाज करेगा।

नख में दवा लेकर जीवक महाराज के पास पहुँचे। उन्होंने जख़्म पर लेप लगा दिया। महाराज की बीमारी जाती रही। खुश होकर राजा बिंबसार ने जीवक को बहुत सारा धन दिया।

राजगृह का एक सेठ सात साल से बीमार था। उसने बहुत-सा धन खर्च किया था। बड़े-बड़े वैद्यों ने उसका इलाज किया था, किंतु बीमारी नहीं गई। अंत में सेठ ने राजा से प्रार्थना की कि वे जीवक को उसका इलाज करने की अनुमति दें। जीवक ने जाकर सेठ को देखा। जीवक ने पूछा—क्या तुम सात महीने तक एक करवट लेटे रह सकते हो ?

--हाँ।

--फिर सात महीने दूसरी करवट ?

—हाँ।

—फिर सात महीने उतान ?

—हाँ।

जीवक ने सेठ को एक चारपाई पर उतान लेटाकर मजबूती से बाँध दिया। फिर उन्होंने उसके कपाल को चीरकर उसमें से दो जंतु निकाले। उसके बाद चमड़ी को

सीकर ऊपर से लेप लगा दिया। सात दिन गुजरे तो सेठ छटपटाने लगा। बोला—चाहे मरूँ या जीऊँ, अब मैं अधिक उतान नहीं लेट सकता।

बिना कुछ कहे जीवक ने उससे एक करवट लेटने को कहा। सात दिन गुजरने पर सेठ ने पुनः पहले की तरह ही कहा। तो जीवक ने उसे दूसरी करवट लेटने को कहा। सेठ ने बड़ी मुश्किल से सात दिन और गुजारे। तब जीवक ने सेठ से कहा—अब तुम नीरोग हो। मैंने सात-सात महीनों का करार इसलिए करवा लिया था कि यदि मैं वैसा न करता तो तुम सात-सात दिन की इस मुश्किल को भी झेल नहीं पाते।

इस किस्से से पता चलता है कि जीवक, न केवल रोगी का इलाज करना जानते थे, बल्कि वे रोगी की मनोदशा को भी भलीभाँति पहचानते थे।

जीवक ने काशी के राजा और अवंती के राजा प्रद्योत का भी इलाज किया था। कोई यह समझ न बैठे कि जीवक केवल राजा-महाराजाओं और सेठों का ही इलाज करते थे। जीवक ने धनी लोगों का इलाज करके बहुत-सा धन कमाया था, परंतु इस धन का बहुत-सा हिस्सा उन्होंने भिक्षुओं के संघ को दान दिया था। जीवक ने एक बार भगवान बुद्ध को जुलाब की एक दवाई देकर उनका इलाज किया था।

कौमारभृत्य जीवक अपने समय में उत्तर भारत के संभवतः सबसे बड़े चिकित्सक थे। इसीलिए दूर-दूर के राजे-महाराजे उनसे अपना इलाज करवाने के लिए

उत्सुक रहते थे। जीवक भगवान बुद्ध के धर्म के अनुयायी थे। उन्होंने बौद्धसंघ में चिकित्सा की परंपरा को प्रोत्साहन दिया होगा। बाद में जाकर हम देखते हैं कि बौद्ध-विहारों के साथ चिकित्सालय भी स्थापित किए जाते थे और बौद्ध साधु इन चिकित्सालयों में बिना किसी भेदभाव के जनता की सेवा-शुश्रूषा करते थे। बौद्ध भिक्षु देश-विदेश में जहाँ भी गए, भारतीय चिकित्सा का ज्ञान उनके साथ वहाँ-वहाँ गया। बौद्ध-धर्म मध्य-एशिया में फैला तो वहाँ भारत का चिकित्साज्ञान भी फैला। मध्य-एशिया से पुराने जमाने की वैद्यकशास्त्र की हस्तलिखित पुस्तकें मिली हैं। बौद्ध-धर्म चीन में भी फैला। पुराने जमाने में वहाँ के विहारों के साथ चिकित्सालय भी होते थे। चीन में भारतीय चिकित्साज्ञान का बड़ा सम्मान था।

बौद्ध धर्म के साथ आयुर्वेद का ज्ञान श्रीलंका में भी फैला। आज भी वहाँ आयुर्वेद को बड़ा सम्मान प्राप्त है।

सुश्रुत

सभी जानते हैं कि आजकल शल्य-चिकित्सा (सर्जरी) ने कितनी अधिक उन्नति की है। कुछ भयानक रोगों का इलाज तो बिना शल्य-चिकित्सा के हो ही नहीं सकता। शल्य-चिकित्सा ने अब इतनी प्रगति की है कि एक आदमी के शरीर के अवयवों को दूसरे आदमी के शरीर में स्थापित करने में भी सफलता मिल रही है। शल्य-चिकित्सा के नए-नए तरीके खोजे जा रहे हैं। ख़ास प्रकार की लेसर-किरणों से भी शल्य-चिकित्सा करने के प्रयोग हो रहे हैं।

शल्य-चिकित्सा की कहानी बहुत पुरानी है। हजारों साल पहले के वैद्य भी शल्य-चिकित्सा करना जानते थे। पुराने जमाने के वैद्य जड़ी-बूटियों से रोगों का इलाज करना तो जानते ही थे, वे चीर-फाड़ से भी रोगों का इलाज करते थे। इतना ही नहीं, पुराने जमाने में हमारे देश के वैद्य प्लास्टिक-सर्जरी भी करते थे।

आज की तरह उस जमाने में भी आदमियों के दो दलों में या दो सैन्यों में लड़ाइयाँ हुआ करती थीं। किसी का हाथ कट जाता, किसी की नाक कट जाती, तो किसी

के बदन में तीर या भाला घुस जाता । इसलिए चीर-फाड़ करके जख्मों का इलाज करना पड़ता था । उस जमाने के आदमी शिकार भी करते थे । इसलिए उस जमाने में भी वैद्यों को जानवरों और आदमी के शरीर की रचना का अच्छा ज्ञान हो गया था। इन्हीं सब कारणों से शल्य-चिकित्सा का विकास हुआ ।

किसी कारण से जब शरीर को पीड़ा होती है तो उसे शल्य कहते हैं । शस्त्रों या यंत्रों का इस्तेमाल करके इस पीड़ा को दूर करने की क्रिया को शल्य-चिकित्सा कहते हैं। काँटे से काँटा निकालना एक प्रकार की शल्य-चिकित्सा ही है । धीरे-धीरे शल्य-चिकित्सा ने उन्नति की । इस शास्त्र ने इतनी अधिक उन्नति की कि आज से दो हजार साल पहले हमारे देश में शल्य-चिकित्सा के रूप में एक स्वतंत्र विज्ञान ही अस्तित्व में आ गया था ।

औषधि और उपचार से शरीर के रोगों का इलाज करने को काय-चिकित्सा कहते हैं । काय-चिकित्सा का सबसे पुराना और महत्त्वपूर्ण ग्रंथ है 'चरक-संहिता' । शस्त्रों और यंत्रों से रोगों का इलाज करने को शल्य-चिकित्सा कहते हैं । इस विज्ञान के बारे में हमारे देश का सबसे पुराना एवं प्रमुख ग्रंथ है **सुश्रुत-संहिता** । इसी सुश्रुत-संहिता के बारे में हमें जानकारी प्राप्त करनी है ।

चिकित्साशास्त्र का ज्ञान बहुत प्राचीन है । इसलिए पुराने जमाने के विद्वानों ने कल्पना की कि ब्रह्मा ने इस ज्ञान को जन्म दिया था । आगे कल्पना की गई कि ब्रह्मा ने यह ज्ञान प्रजापति को दिया। प्रजापति ने इसे

आश्विनीकुमारों को दिया। आश्विनीकुमारों ने इसे इंद्र को दिया। यहाँ तक चिकित्सा-ज्ञान में काय-चिकित्सा और शल्य-चिकित्सा का भेद नहीं किया गया है।

पर इसके आगे चिकित्साशास्त्र की दो शाखाएँ हो जाती हैं। एक काय-चिकित्सा और दूसरी शल्य-चिकित्सा। 'चरक-संहिता' के अनुसार काय-चिकित्सकों में भरद्वाज, आत्रेय-पुनर्वसु, अग्निवेश आदि के नाम आते हैं। पर सुश्रुत-संहिता में इंद्र के बाद **धन्वंतरि** का नाम आता है।

आदि-धन्वंतरि
(12वीं सदी की प्रतिमा)

हमने देखा कि 'चरक-संहिता' आत्रेय-पुनर्वसु के उपदेशों पर आधारित है। अग्निवेश ने इसे तैयार किया, चरक ने इसका संपादन किया और दृढ़बल ने इसमें नई बातें जोड़ीं। सुश्रुत-संहिता की योजना कुछ दूसरे प्रकार की है। इसमें **धन्वंतरि** उपदेश देनेवाले हैं और प्रश्न करनेवाले तथा सुननेवाले हैं **सुश्रुत**। प्राचीन काल में हमारे देश में शल्य-चिकित्सा करनेवालों का एक संप्रदाय रहा होगा। शल्य-चिकित्सा करनेवालों को धन्वंतरि कहा जाता था। सुश्रुत-संहिता में बताया गया है कि धन्वंतरि काशी के राजा थे और इनका दूसरा नाम **दिवोदास** भी था। वेदों में धन्वंतरि का नाम नहीं मिलता।

जिस प्रकार हमें चरक के जीवन के बारे में कोई जानकारी नहीं मिलती, उसी प्रकार सुश्रुत के जीवन के बारे में भी कोई ठोस जानकारी नहीं मिलती। कहीं-कहीं सुश्रुत को विश्वामित्र का पुत्र बताया गया है। पर हमारे देश में विश्वामित्र नाम के कई व्यक्ति हुए हैं। इनमें सुश्रुत के पिता कौन थे, यह बताना कठिन है।

हम बता ही चुके हैं कि सुश्रुत-संहिता मुख्यतः शल्य-चिकित्सा का ग्रंथ है। इसमें भी 120 अध्याय हैं। इनके अलावा, परिशिष्ट के रूप में 'उत्तर-तंत्र' है। चरक-संहिता में उत्तर-पश्चिम भारत के स्थानों के उल्लेख मिलते हैं। पर सुश्रुत को लगभग सारे भारत का ज्ञान था। सुश्रुत-संहिता में बौद्ध धर्म के शब्द भी मिलते हैं। इसलिए यह निश्चित है कि यह ग्रंथ भगवान बुद्ध के

बाद लिखा गया। विद्वानों का अनुमान है कि यह ग्रंथ ईसा की दूसरी-तीसरी शताब्दी में लिखा गया होगा। इतना निश्चित है कि चरक-संहिता के काफ़ी बाद में सुश्रुत-संहिता की रचना हुई है।

सुश्रुत : शल्य-चिकित्सा करते हुए (कल्पना-चित्र)

सुश्रुत-संहिता के आरंभिक 120 अध्यायों में शल्य-चिकित्सा की जानकारी है और उत्तर-तंत्र में काय-चिकित्सा के बारे में जानकारी है।

औषधियों से इलाज करने का ज्ञान चलते-फिरते भी प्राप्त किया जा सकता है। पर शल्य-चिकित्सा के लिए

ऐसा संभव नहीं है। शल्य-चिकित्सा के लिए औजार चाहिए; शल्य-चिकित्सा का अभ्यास करने के लिए चीर-फाड़ के तरीके सीखने की जरूरत होती है और अच्छे अस्पतालों का होना भी जरूरी है।

सुश्रुत-संहिता में बतलाया गया है कि विद्यार्थी को पहले कुम्हड़ा, लौकी, तरबूज, पेठा, ककड़ी-जैसे फलों को काटकर छेद्यकर्म सीखना चाहिए। चमड़े के किसी थैले में या मशक में पानी या कीचड़ भरकर भेद्यकर्म सीखना चाहिए। बाल लगे हुए किसी चमड़े को खुरचने से लेख्यकर्म सीखा जा सकता है। मरे हुए जानवर की सिरा या कमल के नाल को काटकर वेद्यकर्म सीखना चाहिए। इसी प्रकार, पट्टियाँ बाँधने, सीने आदि के बारे में भी अभ्यास के तरीके बतलाए गए हैं।

पर जब तक मनुष्य के शरीर पर चीर-फाड़ के प्रयोग न किए जाएँ, तब तक कोई भी व्यक्ति शल्य-चिकित्सा में पारंगत नहीं हो सकता। इसके लिए शव की चीर-फाड़ करना जरूरी है। सुश्रुत ने शव-परीक्षा करने के भी तरीके बतलाए हैं। सुश्रुत कहते हैं कि जो व्यक्ति इस प्रकार पूरा ज्ञान प्राप्त करता है, वह गलतियाँ नहीं करता। अधूरे ज्ञानवाले से ऐसे ही बचना चाहिए जैसे कि साँप से।

सुश्रुत ने अस्पतालों की व्यवस्था और साफ़-सफ़ाई के बारे में अच्छी जानकारी दी है। सुश्रुत-संहिता में अस्पताल के लिए **व्रणितागार** शब्द मिलता है। सुश्रुत ने रोगी के बिस्तर, खान-पान और सफ़ाई के बारे में

अच्छी हिदायतें दी हैं।

सुश्रुत-संहिता में शल्य-चिकित्सा के यंत्रों के बारे में जो जानकारी दी गई है, वह बड़े महत्त्व की है। आज की तुलना में उस समय के यंत्र कुछ भोंड़े प्रतीत होते हैं, पर हमें ध्यान में रखना चाहिए कि ये यंत्र दो हजार साल पहले के हैं। सुश्रुत ने 101 यंत्रों की जानकारी दी है, पर यह भी बतलाया है कि सबसे मुख्य यंत्र हाथ ही हैं।

इन यंत्रों को, इनके उपयोग की दृष्टि से, छह मुख्य भागों में बाँटा गया है। स्वस्तिकयंत्र 24 प्रकार के होते थे। इनमें से कुछ जंगली जानवरों के मुँह के आकार के होते थे और कुछ पक्षियों के मुँह के आकार के होते थे : जैसे, सिंहमुख, व्याघ्रमुख, मार्जारमुख, काकमुख, गृध्रमुख। इनसे हड्डियाँ निकाली जाती थीं। संदंशयंत्रों

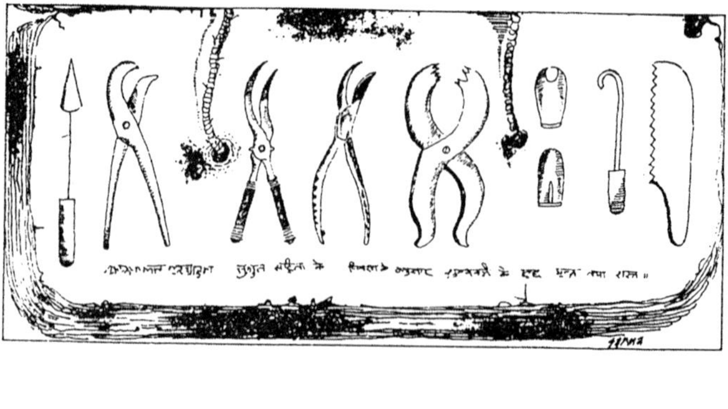

प्राचीन भारत के शल्य-चिकित्सा के यंत्र

से त्वचा, मांस, सिरा आदि को निकाला जाता था। संदंशयंत्रों को संडसियाँ समझना चाहिए। तालयंत्रों से कान और नाक की हड्डियाँ निकाली जाती थीं। नाड़ीयंत्रों से तरह-तरह के काम लिए जाते थे। शलाकायंत्र 28 प्रकार की सलाइयाँ होती थीं।

सुश्रुत-संहिता में जख्मों की सिलाई, जख्मों पर पट्टियाँ बाँधने और मरहम लगाने आदि के बारे में अच्छी जानकारी दी गई है। बारीक सूत, सन, रेशम, बाल आदि के धागे इस्तेमाल करने को कहा गया है। इसी प्रकार, पट्टियाँ बाँधने के लिए कपास, सन, ऊन, रेशम, चीन देश का कपड़ा, छाल आदि का इस्तेमाल होता था।

पुराने जमाने में शल्यकर्म का उपयोग मुख्यतः लड़ाई में घायल हुए सैनिकों के लिए होता था। इसलिए उस जमाने के राजा अपने पास काय-चिकित्सक और शल्यकर्म विशारद (सर्जन) रखा करते थे। कहा गया है कि सुश्रुत को शल्य-चिकित्सा का उपदेश देनेवाले धन्वंतरि काशी के राजा थे। सुश्रुत-संहिता में 'युक्तसेनीय' नाम का एक स्वतंत्र अध्याय ही है। इसमें बताया गया है कि सैनिकों की शल्य-चिकित्सा में किन बातों का ध्यान रखना चाहिए। इसमें बताया गया है कि राजा को अपनी सेना के साथ वैद्य भी रखने चाहिए। शत्रु पानी, भोजन आदि को विषमय बना सकता है। इनकी छान-बीन करने के लिए सेना के साथ वैद्यों का होना जरूरी था।

प्लास्टिक-सर्जरी आधुनिक शल्य-चिकित्सा मानी

जाती है । किसी का चेहरा बिगड़ जाता है तो प्लास्टिक-सर्जरी की जाती है । स्त्रियाँ अपने चेहरों को अधिक सुंदर बनाने के लिए भी प्लास्टिक-सर्जरी करवाती हैं । पाश्चात्य देशों के लिए प्लास्टिक-सर्जरी एक नई चीज है । अभी दो सौ साल पहले ईस्ट इंडिया कंपनी के वैद्यों ने प्लास्टिक-सर्जरी की विद्या भारतीय वैद्यों से सीखी थी ।

महाराष्ट्र के एक वैद्य द्वारा की गई नाक की प्लास्टिक-सर्जरी का रेखांकन (1794 ई.)

हमारे देश में आज से दो हजार साल पहले भी प्लास्टिक-सर्जरी होती थी । पुराने जमाने में अपराधियों

को जब दंड दिया जाता था, तो अक्सर उनकी नाक काट दी जाती थी। इसलिए कुछ लोगों के लिए नई नाक लगवाना जरूरी हो जाता था। सुश्रुत-संहिता में नाक और ओंठ की प्लास्टिक-सर्जरी का अच्छा विवरण दिया गया है। इसमें शरीर के किसी अन्य स्थान से चमड़ी काटकर नाक पर लगाई जाती थी। गाल पर से चमडी को नाक पर खींच कर भी नाक की प्लास्टिक-सर्जरी की जाती थी। इससे गाल पर चेहरा थोड़ा खराब तो हो जाता था, पर अपराधी को साबुत नाक मिल जाती थी।

सब बातों पर विचार करने से पता चलता है कि आज से दो हजार साल पहले हमारे देश में शल्य-चिकित्सा ने बहुत उन्नति की थी।

सुश्रुत ने बताया है कि वैद्य को माता-पिता की तरह रोगी की सेवा करनी चाहिए। इस बात को एक श्लोक में वे बड़े ही सुंदर ढंग से कहते हैं :

मातरं पितरं पुत्रान् बान्धवानपि चातुरः।
अप्येतानर्भिशंकेत वैद्ये विश्वासमेति च ॥
विसृजत्यात्मनात्मानं न चैनं परिशंकते।
तस्मात्पुत्रवदेवैनं पालयेदातुरं भिषक् ॥

अर्थात्—

रोगी अपने माता-पिता, भाई और रिश्तेदारों को भी शंका की दृष्टि से देख सकता है, परंतु वह वैद्य में पूरा विश्वास रखता है। वह अपने को वैद्य के हाथों में सौंप देता है, वैद्य के प्रति जरा भी शंका नहीं रखता। इसलिए वैद्य का यह कर्तव्य हो जाता है कि वह ऐसे रोगी की अपने

पुत्र की तरह देखभाल करे।

चरक-संहिता की तरह सुश्रुत-संहिता की ख्याति भी देश-विदेश में फैली थी। नौवीं-दसवीं शताब्दी में एक तरफ अरब देशों में और दूसरी तरफ दक्षिण-पूर्व एशिया के देशों में सुश्रुत-संहिता का प्रचार हो चुका था। आठवीं शताब्दी में सुश्रुत-संहिता का अरबी भाषा में भी अनुवाद हुआ था। वहाँ यह 'किताब-ए-सुश्रुत' के नाम से प्रसिद्ध थी। ईरान के महान चिकित्सक अल्-राजी (850-932 ई.) ने सुश्रुत के ग्रंथ का अनेक बार उल्लेख किया है और उन्होंने सुश्रुत को एक महान चिकित्सक माना है।

हमारे देश में सुश्रुत-संहिता पर अनेक टीकाएँ लिखी गईं। पर आगे जाकर हमारे देश में इस विज्ञान ने बहुत उन्नति नहीं की। बाद में वाग्भट ने अपने ग्रंथ में सुश्रुत के आधार पर ही शल्य-चिकित्सा के बारे में जानकारी दी है। अब तो पाश्चात्य शल्य-चिकित्सा बहुत उन्नति कर चुकी है।

आर्यभट

अब धरती का मानव चाँद पर पहुँच गया है। आज ज्योतिष, गणित तथा तकनीकी ने बहुत उन्नति की है। मनुष्य चाँद पर पहुँचने के बाद अब दूसरे ग्रहों पर भी पहुँचने की कोशिश कर रहा है। आदमी ने इतनी उन्नति कैसे की ? ज़ाहिर है कि यह सब दस या सौ साल में नहीं हुआ है। हजारों सालों से आदमी आकाश के ग्रह-नक्षत्रों का अध्ययन करता आया है। पुराने जमाने के जिन विद्वानों ने आकाश का गहरा अध्ययन किया है उनमें हमारे देश के एक ज्योतिषी **आर्यभट** का स्थान बहुत ऊँचा है।*

पुराने जमाने में ज्योतिष और गणित की पढ़ाई साथ-साथ होती थी। इसलिए हमारे देश की पुरानी पुस्तकों में ज्योतिष और गणित की बातें साथ-साथ बतलाई गई हैं। आर्यभट जितने बड़े ज्योतिषी थे, उतने ही बड़े गणितज्ञ भी थे। उन्होंने **आर्यभटीय** नाम से एक पुस्तक लिखी है। इस पुस्तक में गणित के साथ-साथ

आर्यभट को बहुत-से लोग 'आर्यभट्ट' लिखते हैं। मगर यह गलत है। लोग सोचते हैं कि वे ब्राह्मण होने के कारण 'भट्ट' ही होने चाहिए। मगर उन्होंने अपना नाम आर्यभट ही दिया है। दूसरे भारतीय ज्योतिषियों ने उन्हें 'आर्यभट' ही लिखा है। 'भट' शब्द का अर्थ है 'योद्धा'।

ज्योतिष की भी चर्चा है। यह पुस्तक है तो छोटी, लेकिन इसमें आर्यभट ने गणित और ज्योतिष की वे सारी बातें लिख दी हैं जो उनके समय तक खोजी गई थीं। उन्होंने यह पुस्तक संस्कृत भाषा में लिखी है।

पुराने जमाने में हमारे देश में ज्योतिष और गणित के ग्रंथ पद्य में लिखे जाते थे। इसका कारण यह है कि पद्य को आसानी से कंठस्थ किया जा सकता है। आजकल जिस प्रकार विद्यार्थी फार्मूलों यानी सूत्रों को याद करते हैं, उसी प्रकार पुराने जमाने के विद्यार्थी कविता को कंठस्थ कर लेते थे। आर्यभट की लिखी हुई आर्यभटीय पुस्तक भी कविता में ही है।

आर्यभट ने अपनी पुस्तक में क्या बातें लिखी हैं, यह जानने के पहले हम आर्यभट के बारे में कुछ बातें जानेंगे। आजकल बड़े-बड़े लोगों की जीवनियाँ लिखी जाती हैं; परंतु पुराने जमाने में हमारे देश में जीवनियाँ लिखने का रिवाज नहीं था। पंडित लोग अपनी पुस्तकों में अपने बारे में बहुत कम जानकारी देते थे। यही कारण है कि हम अपने प्राचीन वैज्ञानिकों और विद्वानों के जीवन के बारे में बहुत कम जानते हैं। आर्यभट की केवल एक पुस्तक मिलती है। इसी पुस्तक में उन्होंने अपने बारे में दो-चार बातें लिख दी हैं।

अपनी पुस्तक के एक श्लोक में आर्यभट हमें बताते हैं कि उन्होंने **कुसुमपुर** शहर में इस पुस्तक की रचना की थी। कहाँ है यह कुसुमपुर शहर? आज के पटना शहर को पुराने जमाने में पाटलिपुत्र कहते थे। इसी पाटलिपुत्र

का एक अन्य नाम कुसुमपुर भी था। अतः हम कह सकते हैं कि आर्यभट पुराने पटना शहर के निवासी थे। कुछ विद्वानों के अनुसार, आर्यभट **अश्मक** जनपद के निवासी थे। यह अश्मक जनपद गोदावरी और नर्मदा नदियों के बीच का प्रदेश था। राजधानी पैठण में थी।

आर्यभट अपनी पुस्तक के एक श्लोक में बताते हैं कि यह पुस्तक उन्होंने 23 साल की आयु में लिखी है। उस समय ईसवी सन का 499 साल चल रहा था। 499 से 23 घटा देने पर हमें आर्यभट का जन्म-वर्ष ज्ञात हो जाता है। अर्थात्, आर्यभट का जन्म 476 ई. में हुआ था। तब से आज तक डेढ़ हजार साल से अधिक का लंबा समय गुजर गया है। आर्यभट जब जीवित थे, तो चंद्रगुप्त और समुद्रगुप्त-जैसे शासकों का काल समाप्त हो चुका था और गुप्त साम्राज्य का वैभव फीका पड़ने लग गया था। उस समय उत्तर-पश्चिम भारत पर हूणों के हमले हो रहे थे।

आर्यभट के जीवन के बारे में बस इतनी ही जानकारी मिलती है। उनके माता-पिता कौन थे, उनके गुरु कौन थे, वे कितने साल जीवित रहे, इत्यादि बातों के बारे में हमें आज कुछ भी पता नहीं है। आज उनकी केवल एक ही पुस्तक प्राप्त है।

आर्यभट की **आर्यभटीय** पुस्तक पर 'गागर में सागर भर देने' वाली कहावत लागू होती है। इस पुस्तक में कुल मिलाकर 121 श्लोक हैं। पुस्तक चार भागों में बाँटी गई है। ये चार भाग हैं—गीतिकापाद, गणितपाद, काल-

क्रियापाद और गोलपाद।

गीतिकापाद में कुल 13 श्लोक हैं। पहले श्लोक में मंगलाचरण है। ये श्लोक गीतिका छंद में हैं, इसीलिए इस भाग को गीतिकापाद कहते हैं। इन श्लोकों में ज्योतिषशास्त्र की कुछ बुनियादी बातों की जानकारी दी गई है। इस पाद का दूसरा श्लोक बड़े महत्त्व का है। इसमें आर्यभट ने गणना की एक नई पद्धति की जानकारी दी है।

पद्य में लिखी जानेवाली पुस्तकों में गणित के अंकों को लिखना संभव नहीं है। यदि संख्याओं को शब्दों में लिखा जाए तो पद्य बड़े हो जाते हैं। ज्योतिषशास्त्र में बड़ी-बड़ी संख्याएँ लिखनी पड़ती हैं। इसलिए संख्याओं को संक्षेप में लिखने के लिए आर्यभट ने एक नई पद्धति का आविष्कार किया। अपने इसी अद्‌भुत आविष्कार को उन्होंने एक श्लोक में लिख दिया है।

आर्यभट ने संस्कृत भाषा की वर्णमाला को लिया। इसमें जो स्वर हैं, उन्हें उन्होंने अ = 1, इ = 100, उ = 10000, ओ = 10000000000000000 जैसे शतगुणोत्तर मान दिए। फिर, क्, ख्, ग्, ··· ब्, भ् और म् जैसे पचीस व्यंजनों को क्रमशः 1 से 25 तक की संख्याओं के मान दिए। इसके बाद य्, र्, ल्, व्, श्, ष्, स् और ह् व्यंजनों को क्रमशः 30, 40, 50, 60, 70, 80, 90 और 100 के मान दिए। इस प्रकार, उन्होंने वर्णमाला के सारे अक्षरों के लिए संख्यामान निश्चित कर दिए। अब किसी भी संख्या को अक्षरों में लिखा जा सकता था।

अंकों या संख्याओं को इस प्रकार अक्षरों में लिखने की पद्धति को 'अक्षरांक-पद्धति' कहते हैं। आर्यभट के लगभग एक हजार साल पहले यूनानी लोग अपनी लिपि की वर्णमाला से ही अंकों को लिखते थे। उनके पास अंकों के लिए स्वतंत्र चिह्न नहीं थे। पर हमारे देश में बहुत प्राचीन काल से अंकों के लिए स्वतंत्र चिह्न थे। आर्यभट के पहले ही शून्य की खोज हो चुकी थी। इस शून्य और 1 से 9 तक के अंकों की सहायता से सारी संख्याओं को लिखने की पद्धति का भी आविष्कार हो चुका था। पर आर्यभट को अपनी पुस्तक पद्य में लिखनी थी। इसीलिए उन्होंने एक नई अक्षरांक-पद्धति का आविष्कार किया था। इस पद्धति में बड़ी-बड़ी संख्याएँ छोटे-छोटे शब्दों से लिखी जा सकती थीं; जैसे, ख्युघृ = 43,20,000। आर्यभट के बाद हमारे देश के दूसरे गणितज्ञों ने भी नई-नई अक्षरांक-पद्धतियों का इस्तेमाल किया।

आर्यभटीय पुस्तक के गणितपाद में कुल 33 श्लोक हैं। इतने ही श्लोकों में आर्यभट ने अंकगणित, बीजगणित और रेखागणित से संबंधित प्रमुख बातों को संक्षेप में लिख दिया है। आर्यभट ने गणित के बारे में जो बातें बतलाई हैं, वे हाईस्कूल की कक्षाओं तक पढ़ाई जाती हैं। परंतु उनकी पुस्तक में कुछ ऐसी भी बातें हैं जो आज कॉलेजों में भी पढ़ाई जाती हैं। इनमें से कुछ बातें आर्यभट ने स्वयं खोजी थीं।

सभी जानते हैं कि वृत्त किसे कहते हैं और यह कैसा होता है। विद्यार्थी जानते हैं कि वृत्त में त्रिज्या और परिधि

के बीच एक खास संबंध होता है। किसी भी वृत्त की परिधि इसकी त्रिज्या या व्यास से कितने गुना बड़ी होती है ? विद्यार्थी जानते होंगे कि वृत्त के व्यास की लंबाई को $\frac{22}{7}$ या 3.1416 से गुणा करें तो उस वृत्त की परिधि की लंबाई ज्ञात हो जाती है। आज यह बात बड़ी आसान जान पड़ती है, परंतु पुराने जमाने में वृत्त के व्यास तथा परिधि के सही-सही संबंध को बहुत थोड़े-से गणितज्ञ ही जान पाए थे। कारण यह है कि इन दोनों के बीच के संबंध को एक निश्चित पूर्णांक या अपूर्णांक में व्यक्त नहीं किया जा सकता। इस संबंध को एक लगभग सही संख्या में ही व्यक्त किया जा सकता है। आजकल हम वृत्त के व्यास तथा परिधि के अनुपात को यूनानी अक्षर π (पाई) से लिखते हैं; अर्थात्, $\pi = 22/7$ या 3.1416। लेकिन यह एक काम-चलाऊ मान ही हुआ।

हमें यह जानकर अचरज होता है कि आज से डेढ़ हजार साल पहले आर्यभट ने इस अनुपात की खोज की थी। उन्होंने लिखा है कि वृत्त का व्यास 20,000 हो तो उसकी परिधि 62,832 होती है। इसका अर्थ यह हुआ कि वृत्त की $\frac{\text{परिधि}}{\text{व्यास}} = \frac{62832}{20000} = 3.1416$। आर्यभट के पहले भारतीय गणितज्ञों को इस अनुपात का इतना सूक्ष्म मान ज्ञात नहीं था। उनके बाद के कुछ गणितज्ञों ने भी इतने सूक्ष्म मान का इस्तेमाल नहीं किया है। इससे पता चलता है कि आर्यभट एक उच्च कोटि के गणितज्ञ थे।

आज स्कूलों में जो रेखागणित पढ़ाया जाता है, वह

यूनान के महान गणितज्ञ यूक्लिद की ज्यामिति पर आधारित है। लेकिन हमारे देश में भी ज्यामिति का अध्ययन पुराने जमाने से होता आ रहा है। आर्यभट ने अपनी पुस्तक में रेखागणित से संबंधित कई बातें बतलाई हैं। पर जिस एक बात के लिए आर्यभट विशेष रूप से प्रसिद्ध हैं, वह है **त्रिकोणमिति**। त्रिकोण की तीन भुजाओं और तीन कोणों के संबंधों के बारे में जो गणित रचा जाता है उसे त्रिकोणमिति कहते हैं। ज्योतिषशास्त्र के अध्ययन में त्रिकोणमिति की बड़ी जरूरत होती है। आर्यभट ने त्रिकोणमिति में एक नई पद्धति का आविष्कार किया था। इस नई पद्धति को **ज्या** या **भुजज्या** की पद्धति कहते हैं। आजकल स्कूल-कॉलेजों में जो त्रिकोणमिति पढ़ाई जाती है वह आर्यभट की इसी पद्धति पर आधारित है। यूनान के गणितज्ञों को इस पद्धति का ज्ञान नहीं था। यह भारतीय आविष्कार पहले अरब देशों में पहुँचा और उसके बाद यूरोप में इसका प्रचार हुआ।

आर्यभट की इस पद्धति का प्रचार विदेशों में कैसा हुआ, यह एक शब्द पर विचार करने से मालूम हो जाएगा। एक शब्द की यह मजेदार कहानी है। समकोण त्रिभुज की दो भुजाओं के अनुपात के लिए अंग्रेजी का एक शब्द है—'साइन'। आज से डेढ़ हजार साल पहले हमारे देश में इसी के लिए शब्द था **ज्या** या **जीवा**। यकीन करना कठिन है, पर अंग्रेजी का यह 'साइन' शब्द 'जीवा' शब्द से ही बना है। आठवीं-नवीं शताब्दी में अरबी विद्वान गणित और ज्योतिष के भारतीय ग्रंथों का अरबी

भाषा में अनुवाद कर रहे थे। उनके सामने संस्कृत का यह 'जीवा' शब्द आया, तो वे चक्कर में पड़ गए। इस शब्द का अरबी में अनुवाद न करके उन्होंने इसे ज्यों-का-त्यों अपना लिया। अरबी लिपि में स्वरों के लिए अक्षर नहीं होते। इसलिए इस 'जीवा' शब्द को उन्होंने 'ज-ब' के रूप में लिखा।

ग्यारहवीं शताब्दी में अरबी ग्रंथों के यूरोप की लैटिन भाषा में अनुवाद होने लगे थे। यूरोप के पंडितों के सामने जब यह 'ज-ब' शब्द आया, तो वे भी भौंचक्के रह गए। वे नहीं जानते थे कि यह मूलतः भारत की संस्कृत भाषा का शब्द है। उन्होंने गलती से इसे अरबी भाषा का 'जेब' शब्द मान लिया, जिसका अर्थ होता है 'खीसा' या 'छाती'। इसलिए अनुवाद करते समय उन्होंने इसके लिए लैटिन का शब्द चुना 'सिनुस्', जिसका अर्थ होता है 'छाती'। कहाँ संस्कृत का 'जीवा' शब्द और कहाँ छाती के अर्थवाला लैटिन का यह 'सिनुस्' शब्द! इसी 'सिनुस्' शब्द से आज की अंग्रेजी का 'साइन' शब्द बना है। पर अंग्रेजी के माध्यम से त्रिकोणमिति पढ़नेवाले आज के कितने विद्यार्थी जानते हैं कि यह 'साइन' शब्द और त्रिकोणमिति की आधुनिक विधि मूलतः भारतीय आविष्कार है? भारतीय ज्योतिष और गणित के कई आविष्कार पहले अरब देशों में पहुँचे और तदनंतर यूरोप के देशों में उनका प्रचार हुआ था।

आर्यभट के समय में दूरबीन जैसी कोई चीज नहीं थी। आँखों से जो और जितना कुछ आकाश में दिखाई

देता था उसी का अध्ययन होता था। फिर भी हमारे ज्योतिषियों ने आकाश के ग्रह-नक्षत्रों की गतिविधियों के बारे में काफी बातें जान ली थीं। आर्यभट की पुस्तक के कालक्रियापाद और गोलपाद भागों में कालगणना तथा ज्योतिष के बारे में जानकारी है। आर्यभट सही माने में एक वैज्ञानिक थे। उन्होंने अपनी पुस्तक में फिजूल की बातें बिलकुल नहीं लिखी हैं। उस समय के कुछ लोग मानते होंगे कि ग्रहणों के समय राहु-केतु नाम के कोई राक्षस सूर्य और चंद्र को खा जाते हैं! पर आर्यभट ने साफ शब्दों में लिखा है, कि ये सब झूठी बातें हैं। उन्होंने लिखा कि पृथ्वी की छाया जब चंद्र पर पड़ती है तो चंद्रग्रहण होता है और चंद्र की छाया जब पृथ्वी पर पड़ती है तो सूर्यग्रहण होता है। इस बात से पता चलता है कि आर्यभट अंधविश्वासों में यकीन नहीं करते थे। हमारे देश में आकाश के ग्रह-नक्षत्रों के आधार पर आदमी का भाग्य बतलाने का धंधा पहले भी चलता था और आज भी चलता है। पर आर्यभट ने अपनी पुस्तक में ऐसी अंधविश्वासी बातों का कोई जिक्र नहीं किया है।

हमारे देश में आर्यभट के समय में, और बाद में भी सदियों तक, यह मान्यता प्रचलित थी कि पृथ्वी स्थिर है और समूचा खगोल इसकी परिक्रमा करता है। मगर आर्यभट ने स्पष्ट लिखा है कि पृथ्वी अपनी धुरी पर चक्कर लगाती है, इसीलिए खगोल हमें घूमता दिखाई देता है।

आर्यभट की यह मान्यता सही थी, फिर भी उनके

बाद के अनेक ज्योतिषियों ने इसे स्वीकार नहीं किया, ब्रह्मगुप्त-जैसे महान गणितज्ञ-ज्योतिषी ने भी नहीं! हाँ, आर्यभट ने यह नहीं कहा था कि पृथ्वी सूर्य की परिक्रमा करती है।

आर्यभट ने विज्ञान के अध्ययन की एक स्वस्थ परंपरा को जन्म दिया था। उनके समय से हमारे देश में विज्ञान के एक नए युग का आरंभ हुआ था। आर्यभट के बाद हमारे देश में वराहमिहिर, ब्रह्मगुप्त, भास्कराचार्य आदि महान वैज्ञानिक हुए। आर्यभट नाम के एक और ज्योतिषी हमारे देश में हुए थे। लेकिन उनका समय इस आर्यभट के बाद का है। उस दूसरे आर्यभट ने 'महासिद्धांत' नामक ज्योतिष का एक ग्रंथ लिखा है।

वराहमिहिर

ज्योतिषशास्त्र बहुत पुराना विषय है। हजारों साल पहले का मानव भी आकाश के चमकीले तारों को निहारता था। वह उन तक पहुँच नहीं सकता था, उनकी दूरियों को सही-सही जान नहीं सकता था। उनके भौतिक गुणधर्मों को समझ नहीं सकता था। किंतु वह उनकी गतियों को पहचान सकता था; उनकी गतियों का लेखा-जोखा रख सकता था।

पुराने जमाने के मानव ने धीरे-धीरे यह भी जाना कि सूरज, चाँद और सितारों की गतियों में एक प्रकार की नियमितता है। उसने जाना कि चाँद की कलाएँ घटते-घटते एक दिन गायब हो जाती हैं। उसने जाना कि चाँद की कलाएँ बढ़ते-बढ़ते एक दिन पूरा चाँद बन जाती हैं। उसने जाना कि चाँद के पूरा गायब हो जाने पर चाँद के पूरा प्रकट होने में एक निश्चित समय गुजरता है। यह काल लगभग स्थिर रहता है। इसके आधार पर समय का हिसाब रखा जाने लगा। इस समय के आधार पर शिकार करने अथवा फसल बोने या काटने का समय तय किया जाने लगा। धीरे-धीरे चाँद्र-पंचांग बनने लगे।

उसने यह भी जाना कि सूरज पूर्व दिशा में हमेशा एक स्थान से उदित नहीं होता। लेखा-जोखा रखते-रखते उसने सूरज की गतियों को पहचाना। उसने जाना कि सूरज के पुनः उसी स्थान से उदित होने में जो अरसा गुजरता है, उसे एक वर्ष (सौरवर्ष) कहते हैं। इसी प्रकार उसने आकाश के प्रमुख तारों की गतियों को भी पहचाना। सूरज, ग्रह और चाँद आकाश के जिस पट्टे में यात्रा करते हैं, उसका बड़ा महत्त्व है। इस पट्टे को रविमार्ग या क्रांतिवृत्त कहते हैं। पुराने जमाने के ज्योतिषियों ने इस क्रांतिवृत्त को 27 या 28 भागों में बाँटा था। क्रांतिवृत्त के इन भागों को या इनके प्रमुख तारों को नक्षत्र कहते हैं। पुराने जमाने के ज्योतिषियों ने क्रांतिवृत्त में यात्रा करनेवाले सूरज, चाँद, ग्रहों और तारों का अच्छा ज्ञान प्राप्त कर लिया था। बाद में क्रांतिवृत्त को 12 राशियों में बाँटा गया।

आज से करीब तीन हजार वर्ष पहले के हमारे ज्योतिषियों ने ज्योतिष के अध्ययन को बड़ा महत्त्व दिया था। वैदिक-काल के यज्ञ आदि कर्मों के लिए सही समय का जानना बड़ा जरूरी था। इसलिए उस जमाने के विद्वानों ने ज्योतिषशास्त्र का स्वतंत्र रूप से अध्ययन किया था। उस जमाने में छह शास्त्रों का अध्ययन बड़े महत्त्व का माना जाता था। इन शास्त्रों को वेदांग कहा जाता है। इन छह वेदांगों में से एक है वेदांग-ज्योतिष। वेदांग-ज्योतिष पर लिखी हुई एक पुस्तक भी मिलती है। इस पुस्तक के रचयिता थे आचार्य लगध। यह पुस्तक

आज से लगभग ढाई हजार साल पहले लिखी गई थी।

एक हजार साल का लंबा अरसा गुजरा। आर्यभट का समय आया। इस बीच हमारे देश में ज्योतिषशास्त्र पर कई महत्त्वपूर्ण ग्रंथ लिखे गए होंगे। पर आज वे ग्रंथ नहीं मिलते। हाँ, दूसरे ग्रंथों में उस समय के ज्योतिष-शास्त्र के बारे में छुटपुट उल्लेख अवश्य मिलते हैं। परंतु हम निश्चित रूप से जानते हैं कि इस अरसे में ज्योतिषशास्त्र के सिद्धांत-ग्रंथों की रचना हुई थी। इन्हीं सिद्धांत-ग्रंथों के आधार पर वराहमिहिर ने अपना प्रसिद्ध **पंचसिद्धांतिका** ग्रंथ लिखा था।

वराहमिहिर और आर्यभट का समय लगभग एक ही है। ये दोनों ज्योतिषी 500 ई. के आसपास जीवित थे। वराहमिहिर के आज कई ग्रंथ मिलते हैं, परंतु उनमें से किसी भी ग्रंथ में उनके जीवन के बारे में खास जानकारी नहीं मिलती। ज्योतिषी जब अपने ग्रंथ को लिखना आरंभ करता है तो उसे गणना के लिए किसी-न-किसी संवत् का चुनाव करना पड़ता है और यह लिखना पड़ता है कि उसने अमुक **साल** से गणनाएँ आरंभ की हैं। वराहमिहिर ने अपने **पंच**सिद्धांतिका ग्रंथ में गणितारंभ का वर्ष शक-संवत् 427 दिया है। शक-संवत् में 78 साल जोड़ने से ईसवी-सन् का साल मिलता है। इसका अर्थ यह हुआ कि वराह ने अपना यह ग्रंथ 505 ई. में लिखा था। हम जानते हैं कि आर्यभट ने अपना आर्यभटीय ग्रंथ 23 साल की आयु में 499 ई. में लिखा था।

हम नहीं जानते कि वराह का जन्म किस साल हुआ था और मृत्यु ठीक किस साल हुई। हाँ, बाद के एक उल्लेख से यह जानकारी मिलती है कि वराह की मृत्यु 587 ई. में हुई थी। अतः वराह का जीवनकाल हम ईसा की छठी शताब्दी मान सकते हैं।

वराह कहाँ पैदा हुए थे, इसके बारे में भी हमें कोई जानकारी नहीं मिलती। दंतकथाओं में कहा गया है कि कालिदास आदि की तरह वराहमिहिर भी विक्रमादित्य के दरबार के नवरत्नों में से एक थे। पर इतिहास में दंतकथाओं के इस विक्रमादित्य के बारे में हमें कोई स्पष्ट जानकारी नहीं मिलती। हाँ, प्रसिद्ध गुप्त-सम्राट चंद्रगुप्त द्वितीय ने 'विक्रमादित्य' की उपाधि धारण की थी। 'विक्रमादित्य' उपाधिवाले और भी कई शासक हुए।

वराहमिहिर के पिता का नाम आदित्यदास था और पिता से ही उन्होंने ज्योतिष का ज्ञान प्राप्त किया था। वराह ज्ञानार्जन के बाद जीविका के लिए अवंतीदेश (मालवा) चले गए थे। उस समय उज्जयिनी (उज्जैन) अवंतीदेश की राजधानी थी। वराह स्वयं लिखते हैं कि कांपिल्लक नगर में उन्हें सूर्य का वरदान प्राप्त हुआ था। यह कांपिल्लक नगर उज्जयिनी के आसपास रहा होगा। वराह सूर्य के उपासक थे।

वराहमिहिर ने ज्योतिषशास्त्र की कई शाखाओं पर ग्रंथ रचे हैं। आज उनके जो ग्रंथ मिलते हैं, वे ये हैं—लघुजातक, बृहज्जातक, विवाह-पटल, बृहत्संहिता,

योगयात्रा और पंचसिद्धांतिका। ये सभी ग्रंथ संस्कृत भाषा में हैं।

'पंचसिद्धांतिका' का अर्थ है पाँच सिद्धांत। वराह ने सबसे पहले इसी ग्रंथ को लिखा था। जिन ग्रंथों में ज्योतिष व गणित के बारे में बुनियादी एवं वैज्ञानिक बातों की जानकारी दी जाती है उन्हें सिद्धांत-ग्रंथ कहते हैं। वराह के पंचसिद्धांतिका ग्रंथ में जो बातें हैं वे मूलतः उनकी अपनी खोजी हुई नहीं हैं। बात यह है कि वराह के पहले हमारे देश में ज्योतिष के पाँच सिद्धांतग्रंथ रचे जा चुके थे। ये पाँच सिद्धांत हैं—पितामह-सिद्धांत, वसिष्ठ-सिद्धांत, रोमक-सिद्धांत, पुलिश-सिद्धांत और सूर्य-सिद्धांत।

वराह के पहले हमारे देश में इन पाँच सिद्धांतों के अनुसार ज्योतिषशास्त्र का अध्ययन होता था। वराह ने पंचसिद्धांतिका ग्रंथ में इन्हीं पुराने पाँच सिद्धांतों की जानकारी दी है। इस जानकारी से पता चलता है कि रोमक और पुलिश सिद्धांत पाश्चात्य ज्योतिष पर आधारित थे।

भारत पर सिकंदर की चढ़ाई के बाद भारतीय पंडित यूनानी ज्योतिष के संपर्क में आए थे। यूनान में भी ज्योतिषशास्त्र ने खूब उन्नति की थी। वहाँ ईसा की दूसरी शताब्दी में **तालेमी** नाम के एक बहुत बड़े ज्योतिषी हुए थे। तालेमी ने भूगोल की अपनी पुस्तक में भारत के बारे में कुछ जानकारी दी है। ईसा की आरंभिक सदियों में यूनानी और भारतीय पंडित एक-दूसरे के

ज्ञान-विज्ञान से भलीभाँति परिचित थे। इसीलिए पाश्चात्य ज्योतिष की अच्छी बातों को लेकर भारतीय ज्योतिषियों ने रोमक व पुलिश सिद्धांत बनाए थे।

वराहमिहिर ने अपने ग्रंथ में जिन पुराने पाँच सिद्धांत-ग्रंथों की जानकारी दी है, वे आजकल नहीं मिलते। वराह ने अपने ग्रंथ में इन सिद्धांत-ग्रंथों की जानकारी देकर हमारा बड़ा उपकार किया है। सिद्धांत-ग्रंथ आज भी मिलते हैं, परंतु ये ग्रंथ वराह के बाद के रचे हुए हैं। पुराने सिद्धांत-ग्रंथ और वराह के बाद के लिखे गए सिद्धांत-ग्रंथों की बातों में समानता नहीं है।

कुछ विद्वानों का मत है कि वराह ने यूनान, रोम आदि पश्चिम के देशों की यात्रा करके वहाँ के ज्योतिष का ज्ञान प्राप्त किया था। यह भी संभव है कि उन्हें भारत में ही किसी यूनानी विद्वान से पाश्चात्य ज्योतिष की जानकारी मिली हो। पुराने जमाने में भी ज्ञान-विज्ञान का खूब आदान-प्रदान होता था। वराह ने स्वीकार किया है कि यूनानी ज्योतिष भी उच्च कोटि का है। वराह के ग्रंथों में कई यूनानी शब्द मिलते हैं : जैसे, क्रिय, ताबुरि, जितुम, लेय, कौर्प्य, हेलि, होरा, आपोक्लिम, हिबुक, केंद्र आदि।

वराह का दूसरा महत्त्वपूर्ण ग्रंथ है **बृहत्संहिता**। यह ग्रंथ अपने समय का ज्ञानकोश है। इसमें ज्योतिष की तो चर्चा है ही, अन्य विद्याओं के बारे में भी जानकारी है। इसमें ज्योतिष से संबंधित जो जानकारी है वह अब पुरानी पड़ गई है। इतिहास की दृष्टि से ही अब उन बातों

का महत्त्व है। पर इस ग्रंथ की दूसरी बातें बड़े महत्त्व की हैं। इस ग्रंथ में उस समय की जनता, उनके रीति-रिवाज, राज्य और जनपद, नदी और पर्वत, खेती के तरीके, मौसम, वास्तुकला, मूर्तिकला आदि के बारे में बहुत सारी बातें दी गई हैं। कई विद्वानों ने वराहमिहिर के समय के ही महाकवि कालिदास के ग्रंथों के आधार पर उस समय की परिस्थितियों के बारे में बड़े-बड़े ग्रंथ लिखे हैं। वराह के ग्रंथों में भी उस समय की सामाजिक परिस्थितियों के बारे में काफी जानकारी मिलती है। वराह के बृहत्संहिता ग्रंथ के आधार पर कुछ लोगों ने उस समय की सामाजिक परिस्थितियों का अध्ययन करने का प्रयास शुरू किया है। असल में यह काम बड़े महत्त्व का है। वराह के इस ग्रंथ में बहुत सारी जानकारी है, इसीलिए बाद के ब्रह्मगुप्त, भास्कराचार्य आदि ज्योतिषियों ने वराह की खूब स्तुति की है।

आर्यभट शुद्ध ज्योतिषी थे। उन्होंने अपनी पुस्तक में केवल गणित और ज्योतिष का ही विवरण दिया है। पर वराहमिहिर की बात दूसरी है। वराह के ग्रंथों में गणित की चर्चा बहुत कम है, पर फलित-ज्योतिष की बहुत अधिक। जन्मकुंडली आदि बनाने की विद्या को **होराशास्त्र** कहते हैं। वराह ने अपना **बृहज्जातक** ग्रंथ इसी शास्त्र पर लिखा है। **लघुजातक** पुस्तक इस बृहज्जातक का संक्षिप्त रूप है। वराह का **विवाह-पटल** ग्रंथ भी फलित-ज्योतिष से संबंधित है। **योग-यात्रा** पुस्तक में वराह ने बतलाया है कि यात्रा पर निकलते

समय कौन-सी बातें शुभ होती हैं और कौन-सी अशुभ।

हमारे देश में ऐसे ढेर सारे ज्योतिषी हैं जो ज्योतिष की पुरानी पोथियों के आधार पर भोली-भाली जनता को उनका 'भाग्य' बता कर अपना पेट पालते हैं। ऐसे ज्योतिषी वराह को प्राचीन भारत का सबसे बड़ा ज्योतिषी मानते हैं। कारण यह है कि वराह की पुस्तकों में फलित-ज्योतिष के बारे में बहुत सारी जानकारी मिलती है। होना तो यह चाहिए था कि वराह की अच्छी बातों को ग्रहण कर लिया जाता और अंधविश्वासी बातों को छोड़ दिया जाता।

पृथ्वी की एक खास प्रकार की गति, जिसे **अयन-चलन** कहते हैं, के कारण ऋतुएँ पीछे सरक जाती हैं। वराह को इस अयन-गति का अच्छा ज्ञान था। वे जानते थे कि गणित द्वारा की गई गणनाओं में और ग्रह-नक्षत्रों की प्रत्यक्ष स्थिति में, इस अयन-चलन के कारण, अंतर पड़ता जाता है। इसलिए उन्होंने आगे के ज्योतिषियों को हिदायत दे रखी थी कि समय-समय पर पंचांग में सुधार करते रहना चाहिए। पर बाद के ज्योतिषियों ने उनके इस अच्छे सुझाव की उपेक्षा की। परिणाम यह हुआ कि पंचांग और ऋतुओं में अंतर बढ़ता ही गया। पंचांग पुरानी गणना-पद्धतियों पर बनते रहे। अभी कुछ दशक पहले स्वतंत्र भारत की सरकार ने जब पंचांग में सुधार करने की एक योजना बनाई, तभी एक नया राष्ट्रीय-पंचांग बना है।

हमारे देश में वराहमिहिर के ग्रंथों की बड़ी प्रसिद्धि

रही है। दसवीं शताब्दी के एक विद्वान ज्योतिषी **भट्टोत्पल** ने वराह के ग्रंथों पर टीकाएँ लिखीं, तो वराह के ग्रंथों को और भी प्रसिद्धि मिली। ग्यारहवीं शताब्दी के प्रथम चरण में मध्य-एशिया का एक प्रसिद्ध विद्वान **अल्बेरूनी** भारत-यात्रा पर आया था। वह ज्योतिषशास्त्र का पंडित था और संस्कृत भाषा भी जानता था। अल्बेरूनी ने भारत के बारे में एक ग्रंथ लिखा है। इस ग्रंथ में भारतीय ज्योतिष, विशेषतः वराहमिहिर के बारे में अच्छी जानकारी मिलती है। अल्बेरूनी ने वराह के कुछ ग्रंथों का अरबी भाषा में अनुवाद भी किया था।

आज वराह की अधिकांश बातें पुरानी पड़ गई हैं। पर हमारे देश के प्राचीन ज्योतिष एवं जनजीवन के बारे में जानकारी प्राप्त करने के लिए वराह के ग्रंथों का अध्ययन जरूरी है। वराह के समय में हमारा ज्योतिष-ज्ञान किसी भी अन्य देश के ज्योतिष-ज्ञान से कम नहीं था। पर बाद में हमारे देश के ज्योतिषी लकीर के फकीर बनते गए। वराह की तरह बाद के ज्योतिषी भी पाश्चात्य ज्योतिष को ग्रहण करते रहते, तो हम ज्योतिष-ज्ञान में इतने पीछे नहीं रहते।

ब्रह्मगुप्त

आर्यभट से लेकर भास्कराचार्य (1150 ई.) तक हमारे देश में विज्ञान की खूब उन्नति हुई। बीच की छह सदियों में हमारे देश में बड़े-बड़े गणितज्ञ और ज्योतिषी हुए। इनमें ब्रह्मगुप्त का स्थान सबसे ऊँचा है। ब्रह्मगुप्त ज्योतिषी भी थे, पर गणितज्ञ के रूप में वे अधिक प्रसिद्ध हैं। आज उनके दो ग्रंथ मिलते है : एक **ब्राह्मस्फुट-सिद्धांत** और दूसरा **खंडखाद्य**। अरबों को भारतीय ज्योतिष और गणित का ज्ञान पहले-पहल ब्रह्मगुप्त के इन्हीं दो ग्रंथों से हुआ था।

ब्रह्मगुप्त का जन्म 598 ई. में हुआ था। उस समय तक शक्तिशाली गुप्त-साम्राज्य टूट चुका था। हूणों के हमलों से देश की शक्ति क्षीण हो चुकी थी। देश कई छोटे-छोटे राज्यों में बँटा हुआ था। पर ब्रह्मगुप्त के बचपन में ही हर्षवर्धन ने उत्तर भारत में एक विशाल राज्य खड़ा कर लिया था। ब्रह्मगुप्त, हर्षवर्धन और संस्कृत के प्रख्यात लेखक बाणभट्ट समकालीन थे।

ब्रह्मगुप्त अपने 'ब्राह्मस्फुट-सिद्धांत' में जानकारी देते हैं कि उन्होंने यह ग्रंथ शक- संवत् 550, अर्थात् 628

ई. में लिखा। उस समय उनकी आयु 30 साल की थी। ब्रह्मगुप्त भिन्नमाल के निवासी थे। उस समय यह भिन्नमाल नगरी उत्तर गुजरात की राजधानी थी। राजस्थान के जालौर जिले में आज जो भीनमाल नामक गाँव है, वही पुराना भिन्नमाल है। ब्रह्मगुप्त के समय में यहाँ चापवंश के व्याघ्रमुख राजा का शासन था।

ब्रह्मगुप्त के पिता का नाम जिष्णुगुप्त था। ब्रह्मगुप्त के जीवन के बारे में इससे अधिक जानकारी हमें नहीं मिलती। भिन्नमाल के निवासी होने के कारण ब्रह्मगुप्त **भिन्नमालकाचार्य** के नाम से प्रसिद्ध हो गए थे।

ब्रह्मगुप्त के पहले हमारे देश में ज्योतिषशास्त्र के पाँच सिद्धांत-ग्रंथ प्रसिद्ध थे। वराहमिहिर ने अपने 'पंचसिद्धांतिका' ग्रंथ में इन पाँच सिद्धांतों की जानकारी दी है। इनमें एक था 'ब्रह्मसिद्धांत'। ब्रह्मसिद्धात की बातें पुरानी पड़ गई थीं। ब्रह्मगुप्त स्वयं वेधकर्ता थे। उन्होंने जाना कि इस पुराने सिद्धांत से काम नहीं बनता। इसलिए उन्होंने नया सिद्धांत लिखा। 'स्फुट' का अर्थ होता है फैलाया हुआ या दुरुस्त किया हुआ। इसीलिए ब्रह्मगुप्त ने अपने ग्रंथ को 'ब्राह्मस्फुट-सिद्धांत' का नाम दिया।

ज्योतिष और गणित के अन्य प्राचीन ग्रंथों की तरह ब्राह्मस्फुट-सिद्धांत भी पद्य में है। यह ग्रंथ आर्या छंद में लिखा गया है और 25 अध्यायों में बँटा हुआ है। आरंभ के कुछ अध्यायों में ज्योतिष की चर्चा है। फिर

गणितशास्त्र के विषय आरंभ होते हैं। गणिताध्याय में पाटीगणित अर्थात् अंकगणित की चर्चा है। ब्रह्मगुप्त ने इसमें अंकगणित के सभी परिकर्मों की जानकारी दी है।

ब्रह्मगुप्त ने शून्य संबंधी गणित के बारे में भी लिखा है। आज से दो हजार साल पहले हमारे देश में शून्य तथा इस पर आधारित स्थानमान अंकपद्धति का आविष्कार हो चुका था। पर गणित और दैनंदिन व्यवहार में इसका इस्तेमाल होने में कुछ समय लगा। ब्रह्मगुप्त के समय के शिलालेखों में पहले-पहल शून्य का प्रयोग देखने को मिलता है। ब्रह्मगुप्त ने शून्य के गणित की अच्छी चर्चा की है। पर उन्होंने जो यह लिखा, कि शून्य से भाग देने पर परिणाम शून्य होता है, ठीक नहीं है। आज हम जानते हैं कि यह परिणाम कुछ भी हो सकता है।

बीजगणित बड़े महत्त्व का विषय है। बीजगणित के बारे में ब्रह्मगुप्त के पहले के ग्रंथों में थोड़ी चर्चा देखने को मिलती है। पर ब्रह्मगुप्त ने अपने ग्रंथ में बीजगणित के बारे में एक स्वतंत्र अध्याय ही लिखा है। ब्रह्मगुप्त ने बीजगणित को **कुट्टक** का नाम दिया और **कुट्टकाध्याय** लिखा। उनके ग्रंथ में **बीजगणित** शब्द नहीं मिलता। ब्रह्मगुप्त की सबसे बड़ी विशेषता यह है कि उन्होंने बीजगणित का इस्तेमाल ज्योतिष के सवाल हल करने में किया। इससे ज्योतिष के सवाल हल करने में बड़ी आसानी हुई।

यूनानी गणितज्ञों ने रेखागणित का खूब विकास

किया था। पर बीजगणित में वे पिछड़े हुए थे। बीजगणित के सवाल भी वे रेखागणित की सहायता से हल करते थे। उनकी ज्योतिष संबंधी गणनाएँ भी ज्यामिति पर आधारित थीं। भारत में ब्रह्मगुप्त पहले गणितज्ञ थे जिन्होंने बीजगणित को आगे बढ़ाया और ज्योतिष की गणनाओं में इसका इस्तेमाल किया। वे लिखते हैं--जिस प्रकार सूर्य का प्रकाश तारों की रोशनी को फीका बना देता है, उसी प्रकार कुट्टक यानी बीजगणित जाननेवाला और उसका इस्तेमाल करनेवाला गणितज्ञ दूसरे ज्योतिषियों को पछाड़ देता है।

ब्रह्मगुप्त ने समीकरणों के बारे में नए हल सुझाए हैं। पर वृत्त की परिधि और व्यास के अनुपात के बारे में ब्रह्मगुप्त का ज्ञान अधूरा था। उन्होंने यह अनुपात '10 का वर्गमूल' बताया है। पर हम जानते हैं कि ब्रह्मगुप्त के पहले आर्यभट ने इस अनुपात के लिए अधिक सूक्ष्म मान दिया था।

फिर भी हमें यह स्वीकार करना पड़ेगा कि ब्रह्मगुप्त ने भारतीय गणितशास्त्र को सर्वोच्च शिखर तक पहुँचा दिया था। यही कारण है कि बाद के महान गणितज्ञ एवं ज्योतिषी भास्कराचार्य ने ब्रह्मगुप्त की भूरि-भूरि प्रशंसा की है और उन्हें 'गणकचक्र-चूड़ामणि' कहा है।

हम बता आए हैं कि पुराने सिद्धांत में सुधार करने के लिए ब्रह्मगुप्त ने अपने ग्रंथ की रचना की थी। ब्रह्मगुप्त सही माने में ज्योतिषी थे। उन्होंने ज्योतिष के

कुछ नए यंत्रों का आविष्कार किया। इन यंत्रों की मदद से उन्होंने स्वयं वेध किए अर्थात् ग्रह और तारों की गति-स्थितियों का अध्ययन किया। उन्होंने जाना कि पुरानी गणनाओं से इन नई गति-स्थितियों का मेल नहीं बैठता। इसीलिए उन्होंने नई गणनाओं के आधार पर अपना ग्रंथ लिखा था।

लेकिन हमें कहना पड़ता है कि ब्रह्मगुप्त कुछ पुराणपंथी भी थे। आर्यभट के दोष दिखलाने के लिए उन्होंने अपने ग्रंथ में एक स्वतंत्र अध्याय ही लिखा है। जोश में आकर उन्होंने आर्यभट की सही बातों को भी गलत बताया! आर्यभट ने कहा था कि राहु-केतु नाम के कोई राक्षस ग्रहणों के समय सूर्य और चंद्र को निगल नहीं जाते। पृथ्वी की छाया जब चंद्र पर पड़ती है तो चंद्रग्रहण होता है और चंद्र की छाया पृथ्वी पर पड़ती है तो सूर्यग्रहण होता है। पर ब्रह्मगुप्त ने आर्यभट की इस सही बात को भी गलत बताया। आर्यभट ने कहा था कि पृथ्वी अपनी धुरी पर परिक्रमा करती रहती है। इस वैज्ञानिक सत्य का भी ब्रह्मगुप्त ने मज़ाक उड़ाया!

सवाल पैदा होता है कि ब्रह्मगुप्त-जैसे महान वैज्ञानिक पुराणपंथी की बातें क्यों करने लग गए थे? कारण यह है कि उस समय से हमारे देश में रूढ़िवादिता शुरू होती दिखाई देती है। कुछ लोग प्रचार करने लग गए थे कि पुराने ग्रंथों में लिखी हुई सारी बातें सही हैं। पुराने ग्रंथों में लिखा है कि राहु-केतु चंद्र और सूर्य को निगल जाते हैं इसीलिए ग्रहण होते हैं। पुराने ग्रंथों में यह

भी लिखा मिलता है कि पृथ्वी स्थिर है । पर ब्रह्मगुप्त के करीब सौ साल पहले आर्यभट इन बातों को गलत साबित कर चुके थे । फिर भी ब्रह्मगुप्त ने महज पुराने का राग अलापने के लिए, आर्यभट की सही बातों को झूठ साबित करने की कोशिश की । यह भी संभव है कि पुरानी बातों का समर्थन करने के लिए राज -दरबार के ब्राह्मणों ने ब्रह्मगुप्त पर जोर डाला हो । जो भी हो, आर्यभट-जैसे महान वैज्ञानिक के दोष निकालकर ब्रह्मगुप्त ने अपनी संकुचित वृत्ति का ही परिचय दिया ।

ब्रह्मगुप्त का दूसरा ग्रंथ है **खंडखाद्य** । बड़ा विचित्र नाम है । 'खंडखाद्य' का अर्थ है—गुड़ मिश्रित भोजन । हम नहीं जानते कि ब्रह्मगुप्त ने यह नाम क्यों पसंद किया । यह ग्रंथ उन्होंने 67 साल की आयु में लिखा । यह ग्रंथ पंचांग बनाने की विधियों के बारे में है, अर्थात् एक **करण-ग्रंथ** है । सबसे दिलचस्प बात तो यह है कि इसमें उन्होंने आर्यभट का विरोध नहीं किया, बल्कि ग्रंथ के आरंभ में ही कहा है कि आर्यभट के समान फल देनेवाला ग्रंथ बना रहा हूँ ।

यह दूसरा ग्रंथ लिखने का कारण यह रहा होगा कि ब्रह्मगुप्त के पहले ग्रंथ को उचित सम्मान न मिला होगा । इससे वे निराश हो गए होंगे । ब्रह्मगुप्त के जीवनकाल में उनके सिद्धांत को भले ही प्रसिद्धि न मिली हो, पर हम जानते हैं कि अगले डेढ़ सौ साल के भीतर, न केवल देश में, बल्कि विदेशों में भी ब्रह्मगुप्त के ग्रंथों का प्रचार हो गया था ।

ब्रह्मगुप्त के जन्म के कुछ साल पहले मक्का में मुहम्मद पैगंबर का जन्म हुआ था। 622 ई. से इस्लाम के इतिहास का सिलसिला शुरू होता है। इसके बाद सौ साल के भीतर ही स्पेन से लेकर सिंध तक इस्लाम का झंडा फहराने लगा था। भारत पर 712 ई. के पहले हमले के बाद सिंध प्रांत अरबों के अधिकार में चला गया था। तब बगदाद के खलीफ़ा इस्लामी साम्राज्य के शासक थे। बगदाद के विद्याकेंद्र में यूनानी और संस्कृत ग्रंथों के अरबी में अनुवाद होने लगे। खलीफ़ा अल्-मंसूर (754-775 ई.) ने बगदाद को साम्राज्य की राजधानी का रूप दिया था। इसी अल्-मंसूर के शासन-काल में सिंध से कुछ दूत बगदाद गए थे। ये दूत अपने साथ ब्रह्मगुप्त के ग्रंथ भी ले गए थे।

बगदाद में ब्रह्मगुप्त के ग्रंथों का अरबी भाषा में अनुवाद हुआ। वहाँ ब्रह्मगुप्त के ब्राह्मस्फुट-सिद्धांत ने 'सिंद-हिंद' (हिंद का सिद्धांत) और खंडखाद्य ने 'अल-अरकंद' के नाम से खूब प्रसिद्धि पाई। इन्हीं ग्रंथों से पहले-पहल अरबों को भारतीय ज्योतिष और गणित की जानकारी मिली। अरबी साहित्य में ब्रह्मगुप्त के इन ग्रंथों के अनेक उल्लेख मिलते हैं।

ग्यारहवीं शताब्दी के आरंभ में मध्य एशिया का प्रसिद्ध पंडित अल्बेरूनी भारत आया था। वह संस्कृत भाषा जानता था। उसने अपनी भारत-यात्रा में भारत की गणित, ज्योतिष आदि विद्याओं का गहरा अध्ययन किया था। बाद में उसने भारत के बारे में एक प्रसिद्ध ग्रंथ

मध्य एशिया के प्रख्यात गणितज्ञ-ज्योतिषी एवं भारतविद् अल्बेरूनी (973-1048 ई.)

लिखा। इस ग्रंथ में भारतीय ज्योतिष व गणित के बारे में बहुत-सारी जानकारी मिलती है। अल्बेरूनी ने ब्रह्मगुप्त की भूरि-भूरि प्रशंसा की है, पर ब्रह्मगुप्त ने आर्यभट के जो दोष निकाले थे, उनकी अल्बेरूनी ने आलोचना भी की है। अल्बेरूनी ने ब्रह्मगुप्त के ब्राह्मस्फुट-सिद्धांत का अरबी में अनुवाद भी किया था, किंतु आजकल वह ग्रंथ नहीं मिलता। जो भी हो, यह निश्चित है कि भारतीय गणित एवं ज्योतिष का अरबों में प्रचार करने में

ब्रह्मगुप्त के ग्रंथों ने महत्त्वपूर्ण योग दिया है ।

अरबों के हाथों भारतीय विज्ञान का यूरोप में प्रचार-प्रसार हुआ । दसवीं शताब्दी से अरबी ग्रंथों के लैटिन भाषा में अनुवाद होने लग गए थे । इस प्रकार, यूरोप के विद्वानों को भारतीय गणित एवं ज्योतिष की जानकारी मिली । अरबी विद्वान जानते थे कि उन्हें यह ज्ञान भारत से मिला है । भारतीय अंक-पद्धति भी उन्हें हमारे यहाँ से मिली थी । पर भारतीय अंक-पद्धति और गणित जब यूरोप में पहुँचा, तो यूरोपवालों ने समझा कि यह अरबी ज्ञान है । भारतीय गणित की कई विधियों का और अंक-पद्धति का यूरोप में प्रचार हुआ तब भी उस समय के यूरोपवासियों को यह पता नहीं था कि यह ज्ञान भारत से आया है ।

भारत पर अंग्रेजी शासन के आरंभिक दिनों में कुछ अंग्रेज विद्वानों ने भारत के पुराने साहित्य का अध्ययन शुरू किया । ऐसे ही एक विद्वान थे कोलब्रुक महाशय । उन्होंने पहली बार 1817 ई. में ब्रह्मगुप्त के ग्रंथ के **कुट्टकाध्याय** (बीजगणित) का अंग्रेजी भाषा में अनुवाद प्रकाशित किया । तब जाकर यूरोप के विद्वानों को पता चला कि आधुनिक बीजगणित असल में भारतीय बीजगणित पर ही आधारित है । आज हम स्कूल-कॉलेजों में जो गणित पढ़ते हैं, उसका विकास यूरोप के देशों में हुआ है । पर हमें यह हमेशा ध्यान में रखना चाहिए कि आधुनिक गणित का महल भारतीय नींव पर खड़ा है ।

वाग्भट

आज हमारे देश में रोगों का इलाज कई तरीकों से होता है। कुछ लोग आधुनिक पद्धति से इलाज करवाना पसंद करते हैं, तो कुछ अब भी पुरानी आयुर्वेद पद्धति पर श्रद्धा रखते हैं। आयुर्वेद के कुछ इलाज सचमुच ही बड़े महत्त्व के हैं। आयुर्वेद का विकास हमारे देश में हुआ है। सदियों से इस विज्ञान का विकास होता आ रहा है। आयुर्वेदशास्त्र पर चरक और सुश्रुत के ग्रंथ प्रसिद्ध हैं। वैद्य लोग आज भी इन ग्रंथों का इस्तेमाल करते हैं।

चरक और सुश्रुत की तरह आज वाग्भट के ग्रंथ भी प्रसिद्ध हैं। वाग्भट के लिखे हुए दो ग्रंथ हैं—**अष्टांग-संग्रह** और **अष्टांग-हृदय**। इनमें अष्टांग-संग्रह बड़े महत्त्व का ग्रंथ है। इसी ग्रंथ के आधार पर बाद में पद्य में अष्टांग-हृदय लिखा गया था। पिछले लगभग एक हजार सालों में वाग्भट के ग्रंथों का हमारे देश में बड़ा प्रचार रहा। वैद्य लोग आज भी वाग्भट के ग्रंथों का इस्तेमाल करते हैं। एक कहावत है—वाग्भट के अष्टांग-संग्रह का अच्छा ज्ञान हो तो पुराने ग्रंथ पढ़ना बेकार हैं और अष्टांग-संग्रह का ज्ञान न हो तो फिर पुराने ग्रंथ

पढ़ने से भी कोई लाभ नहीं। इसी बात को एक सुंदर संस्कृत श्लोक में कहा गया है :

अष्टांगसंग्रहे ज्ञाते वृथा प्राक्तंत्रयोः श्रमः।
अष्टांगसंग्रहेऽज्ञाते वृथा प्राक्तंत्रयोः श्रमः।।

वाग्भट की जीवनी और ग्रंथों के बारे में विद्वानों में कुछ मतभेद है। हमारे देश में वाग्भट नाम के कई पंडित हुए हैं। कुछ विद्वानों का कहना है कि अष्टांग-संग्रह और अष्टांग-हृदय एक ही वाग्भट की रचनाएँ नहीं हैं। यह विचार विदेशी विद्वानों का है। पर हमारे देश के वैद्यों का विश्वास है कि ये दोनों ग्रंथ एक ही वाग्भट के लिखे हुए हैं। अष्टांग-संग्रह ही प्रमुख ग्रंथ है। यह गद्य और पद्य में लिखा गया है। इसी ग्रंथ के आधार पर बाद में अष्टांग-हृदय की रचना हुई है। यह ग्रंथ केवल पद्य में है। अष्टांग-हृदय को हम अष्टांग-संग्रह का संक्षिप्त संस्करण मान सकते हैं।

वाग्भट अपने ग्रंथ में अपने बारे में बहुत कम जानकारी देते हैं। इनका जन्म सिंधुप्रदेश में हुआ था। इनके पिता का नाम सिंहगुप्त था और पितामह का नाम वाग्भट था। इनके गुरु अवलोकितेश्वर थे। वाग्भट बौद्ध-धर्म के अनुयायी थे। इनके ग्रंथों में भगवान बुद्ध का उल्लेख कई स्थानों पर मिलता है। बौद्ध-धर्म में भगवान बुद्ध को 'भैषज्यगुरु' यानी वैद्यों के गुरु मानने की परंपरा रही है।

वाग्भट का जन्म ठीक किस साल हुआ, इसके बारे में

हमें कोई जानकारी नहीं मिलती। पर इतना निश्चित है कि ये गुप्त-काल के बाद में हुए। सभी बातों पर विचार करके यह कहा जा सकता है कि वाग्भट 700 ई. के आसपास जीवित थे।

हम बता चुके हैं कि अष्टांग-संग्रह ग्रंथ गद्य और पद्य में लिखा गया है। पुराने जमाने में हमारे देश में चिकित्साशास्त्र के आठ अंग माने गए थे। इसीलिए वाग्भट ने अपने ग्रंथ को यह नाम दिया है। अष्टांग-संग्रह ग्रंथ 6 पुस्तकों और 150 अध्यायों में बाँटा गया है। इस ग्रंथ के अध्ययन से पता चलता है कि उस समय हमारे देश में चिकित्सा की पद्धति कैसी थी।

अष्टांग-संग्रह की पहली पुस्तक में चिकित्साशास्त्र की विधि के बारे में जानकारी दी गई है। इसमें बतलाया गया है कि विद्यार्थी को चिकित्साशास्त्र का अध्ययन किस प्रकार करना चाहिए। इसमें दिन और ऋतुओं के प्रभाव की जानकारी है, रोगों के कारण बतलाए गए हैं और नाना प्रकार की भोजन सामग्री तथा विषमय भोजन के लक्षण बतलाए गए हैं। विषमय भोजन के इलाज के बारे में बतलाया गया है और यह भी बतलाया है कि राजाओं को भोजन में किस प्रकार की सावधानी बरतनी चाहिए। इसी पुस्तक में औषधियों के गुणधर्म, वायु, पित्त और कफ की जानकारी और आँख के रोगों के इलाज बतलाए गए हैं।

दूसरी पुस्तक में मानव-शरीर-रचना के बारे में जानकारी दी गई है। इसमें बताया गया है कि माँ के गर्भ

में धीरे-धीरे बालक का विकास कैसे होता है। इसमें गर्भवती स्त्री को होनेवाले रोगों की भी जानकारी दी गई है। तीसरी पुस्तक में ज्वर, मधुमेह, चर्मरोग, स्नायुरोग आदि के लक्षण बतलाए गए हैं। अंतिम दो पुस्तकों में मुख्यतः बच्चों के रोगों का विवरण है। इसमें पागलपन, लकवा तथा कान, नाक, मुँह आदि के रोग, इत्यादि के बारे में जानकारी दी गई है। इस प्रकार, हम देखते हैं कि वाग्भट ने अपने इस ग्रंथ में सभी रोगों तथा उनके इलाजों के बारे में जानकारी दी है।

हम बता चुके हैं कि वाग्भट का अष्टांग-हृदय ग्रंथ उनके अपने अष्टांग-संग्रह पर आधारित है। इसमें भी 6 पुस्तकें हैं, पर यह 120 अध्यायों में बाँटा गया है। इसमें वाग्भट ने चरक, सुश्रुत, भेल, काश्यप, धन्वंतरि तथा अन्य अनेक पुराने चिकित्सकों के बारे में जानकारी दी है। पर यह ग्रंथ मुख्यतः अष्टांग-संग्रह के आधार पर ही लिखा गया है। इस ग्रंथ की विशेषता यह है कि इसमें वाग्भट ने सुश्रुत के आधार पर शल्य-चिकित्सा की भी जानकारी दी है। पर इस ग्रंथ में अफीम, नाड़ी-परीक्षा और रासायनिक उपचारों का वर्णन नहीं है।

अष्टांग-हृदय केवल पद्य में लिखा गया है। इस ग्रंथ का तिब्बती भाषा में भी अनुवाद हुआ था। इससे पता चलता है कि कुछ ही दिनों बाद वाग्भट की ख्याति देश-विदेश में दूर-दूर तक फैल गई थी। दक्षिण-भारत के वैद्य आज भी वाग्भट के ग्रंथों को सबसे अधिक महत्त्व देते हैं। इस ग्रंथ के महत्त्व को इसी से समझा जा सकता

है कि बाद के वैद्यों ने इस पर करीब 30 टीकाएँ लिखी हैं। आयुर्वेद के किसी भी अन्य ग्रंथ पर इतनी अधिक टीकाएँ नहीं लिखी गईं। वाग्भट के अष्टांग-संग्रह पर भी टीकाएँ लिखी गई हैं। इनमें **इंदु** की लिखी हुई **शशिलेखा** नाम की टीका अधिक प्रसिद्ध है।

पुराने जमाने में हमारे देश में आयुर्वेद को बड़ा सम्मान प्राप्त था। वैद्यों की जिम्मेदारी के बारे में बड़े कड़े नियम थे। वाग्भट ने वैद्यों के कर्तव्यों के बारे में बड़ी अच्छी हिदायतें दी हैं। वे लिखते हैं—

—वैद्य को सबके साथ मित्रता रखनी चाहिए। रोगियों के प्रति दयाभाव रखना चाहिए। दुष्ट रोगी के प्रति भी मन में बदला लेने की भावना नहीं रखनी चाहिए। वैद्य को इन सदाचारों का हमेशा स्मरण रखना चाहिए।

—यह चिकित्साशास्त्र साक्षात् अमृत-जैसा है। इसे यदि गंदे पात्र में रखा जाए तो यह भयंकर विष बन जाता है। जो वैद्य केवल पोथियों के पन्ने पलटकर चिकित्सा करते हैं, चिकित्साशास्त्र का गहरा अध्ययन नहीं करते, वे यम की तरह होते हैं। ऐसे वैद्यों से दूर रहना ही अच्छा है।

वाग्भट जिस समय पैदा हुए थे, वह काल भारत के इतिहास में कई दृष्टियों से महत्त्वपूर्ण है। ईसा की पहली शताब्दी से हमारे देश में ज्ञान-विज्ञान की उन्नति शुरू होती है। उस समय स्वतंत्र-चिंतन के लिए पूरी छूट थी। एक-दूसरे का खंडन करने की भी स्वतंत्रता थी।

इसीलिए विज्ञान की उन्नति हुई थी। खंडन-मंडन से ही विज्ञान आगे बढ़ता है।

पर गुप्त-काल के बाद ब्राह्मण-धर्म ने स्वतंत्र-चितन पर पाबंदी लगा दी। कहा जाने लगा कि पुराने ग्रंथों की सारी बातें सही हैं। इसलिए पुरानी बातों का खंडन करने की सहसा किसी की हिम्मत नहीं होती थी। उसी समय यह भी कहा जाने लगा कि पुराना जमाना सतयुग का था और यह नया जमाना कलियुग का है! वाग्भट ने यद्यपि पुरानी आयुर्वेद परंपरा को ही आगे बढ़ाया था, फिर भी वाग्भट को 'कलियुग का चिकित्सक' कहा गया!

पुरानी बातों को बिलकुल सही मानने की परंपरा को रूढ़िवादिता कहते हैं। वाग्भट इस रूढ़िवादिता के बहुत खिलाफ़ थे। उस समय कुछ लोग कहने लगे होंगे कि पुराने ग्रंथों का आयुर्वेद-ज्ञान ही सही है। वाग्भट ने इस बात का जबरदस्त विरोध किया। अष्टांग-हृदय के एक श्लोक में वे लिखते हैं :

—पुराने ऋषि-मुनियों के ग्रंथों में ही सत्यता है, तो चरक और सुश्रुत के ग्रंथों को भी छोड़ दो और केवल भेड़ आदि के ग्रंथों को पढ़ो! असल में सही बात जहाँ भी मिले, उसे ग्रहण कर लेना चाहिए।

एक अन्य श्लोक में वाग्भट कहते हैं : कोई बात किसी ब्रह्मा ने कही हो या ब्रह्मा के बनाए हुए किसी मनुष्य ने। इससे सत्य बात छिप नहीं सकती। सत्य बात का ही अच्छा परिणाम होगा।

इन कथनों से लगता है कि वाग्भट प्रगतिशील विचारों के समर्थक थे। 700 ई. तक हमारे देश में आयुर्वेद के बारे में जितनी जानकारी जमा हो गई थी, वह सब वाग्भट ने अपने ग्रंथों में रख दी है। उन्होंने अपनी जानकारी के अनुसार भी इनमें बहुत-सी नई बातें जोड़ दी हैं।

पर आज क्या हाल है ? हमारे आज के वैद्य सोचते हैं कि पुराना चिकित्सा-ज्ञान पूर्णतः सही है। वे आज भी सुश्रुत, चरक और वाग्भट आदि के ग्रंथों से आगे बढ़ने को तैयार नहीं है। पिछले करीब एक हजार साल से हमारे देश का चिकित्सा-ज्ञान लगभग रुका हुआ पड़ा है।

आज पाश्चात्य देशों का चिकित्सा-विज्ञान बहुत उन्नति कर चुका है। हमारे वैद्यों को इस नए ज्ञान का भी परिचय प्राप्त करना चाहिए। चरक, सुश्रुत और वाग्भट की कई बातें आज भी उपयोगी हैं। पर आज केवल पुराने ज्ञान पर ही निर्भर रहने से नहीं चलेगा। आज यदि वाग्भट जीवित होते तो वे भी कहते कि रूढ़िवादिता को छोड़कर नए ज्ञान के प्रकाश में आयुर्वेदशास्त्र को आगे बढ़ाना जरूरी है।

नागार्जुन

इस संसार में नाना प्रकार की वस्तुएँ हैं। पर ये तमाम वस्तुएँ कुछ मूल वस्तुओं के मेल-जोल से ही बनी हैं। इन्हें मूलतत्त्व कहते हैं। आज के विज्ञान ने संसार में सौ से भी अधिक मूलतत्त्व खोजे हैं। धरती पर जो मूलतत्त्व मिलते हैं, वही मूलतत्त्व कमो-बेश मात्रा में चाँद, सूरज, ग्रहों और तारों में भी मौजूद हैं। इन मूलतत्त्वों के तथा इनके मेल से बनी हुई वस्तुओं के गुणधर्मों का अध्ययन जिस विज्ञान में होता है, उसे ही रसायनशास्त्र कहते हैं।

पुराने जमाने के लोग मानते थे कि इस संसार में मूलतत्त्व केवल चार या पाँच हैं। हमारे देश के एक दार्शनिक **कणाद मुनि** ने आज से लगभग दो हजार साल पहले कहा था कि संसार की सारी वस्तुओं की रचना छोटे-छोटे अणुओं से हुई है। उधर यूनान के एक वैज्ञानिक **देमोक्रितु** ने भी लगभग इसी प्रकार की बात कही थी। संसार की वस्तुओं की रचना के बारे में इस प्रकार की बातें और भी कई विचारकों ने कही थीं। इस प्रकार से सोचने को हम दार्शनिक-चिंतन कहते हैं। पर

इस प्रकार के विद्वानों ने रासायनिक वस्तुओं के साथ प्रयोग नहीं किए थे।

किंतु जनता का एक दूसरा वर्ग सही माने में रासायनिक पदार्थों के गुणधर्मों की खोज कर रहा था। चित्र बनाने के लिए, बरतनों पर चित्रकारी करने के लिए और कपड़ों को रंगने के लिए रंगसाज नाना प्रकार के रंग बना रहे थे। उद्योग-धंधों के साथ रसायन का विकास हो रहा था। उस जमाने में यही लोग सच्चे रसायनज्ञ थे; पर उन्होंने अपने इन तरीकों के बारे में कोई लेखा-जोखा नहीं रखा था।

बहुत पुराने जमाने में आदमी को लोहे का ज्ञान नहीं था। पहले उसने पत्थरों के औजार बनाए। फिर उसे सोना, चाँदी और ताँबे-जैसी धातुओं का ज्ञान हुआ। नब्बे प्रतिशत ताँबा और दस प्रतिशत टीन (वंग) मिलाने से पीतल (काँसा) बनता है। ताँबे से पीतल अधिक मजबूत होता है। ताँबा और पीतल बनानेवाले पुराने जमाने के कमकर सही माने में धातुकर्मकार थे।

आज से लगभग तीन हजार साल पहले आदमी को लोहे का ज्ञान हुआ। एक नए युग—लौहयुग—की शुरुआत हुई। मानव-जाति के इतिहास में लोहे का आविष्कार बहुत बड़ा महत्त्व रखता है। लेकिन आज हम उन व्यक्तियों के नाम नहीं जानते जिन्होंने लोहे का आविष्कार किया था।

दिल्ली की कुतुबमीनार के पास लोहे का एक स्तंभ खड़ा है। इस स्तंभ पर उस समय की लिपि में लिखा हुआ

एक लेख खुदा हुआ है। इस लेख के आधार पर हम कह सकते हैं कि लोहे का यह स्तंभ आज से लगभग सोलह सौ साल पहले बनाया गया था। लोहे का यह स्तंभ संसार का एक महान आश्चर्य है। संसार में अन्यत्र कहीं भी इस प्रकार की शुद्ध लोहे की पुरानी चीज नहीं मिलती। इतने बड़े पैमाने पर ऊँचे तापमान में लोहे को गलाकर ढालना सचमुच ही अचरज की बात है; फिर भी हम नहीं जानते कि यह स्तंभ किस राजा ने ढलवाया और किन हाथों ने इसे ढाला है।

पुराने जमाने का आदमी जड़ी-बूटियों के रसों से अपना इलाज करता था। वनस्पतियों का उसे अच्छा ज्ञान था। इसलिए औषधि-विज्ञान के साथ-साथ रसायन का भी विकास हुआ था।

लंबा अरसा गुजरा। आदमी ने पारे जैसी अद्‌भुत धातु की खोज की। पुराने जमाने से ही मनुष्य ऐसी चीज की खोज में रहा है जो उसकी उम्र को बढ़ा सके। ऐसी चीज को उसने 'अमृत' या 'संजीवनी'-जैसे काल्पनिक नाम दिए। एक तरफ किसी करिश्मे से आदमी अपनी आयु बढ़ाने के चक्कर में फँसा हुआ था, तो दूसरी तरफ उसी करिश्मे से वह अपनी धन-दौलत भी बढ़ाने के लालच में फँस गया था। कुछ लोग कहने लगे कि पारस पत्थर के स्पर्श से सोना बनाया जा सकता है। कुछ दूसरे लोग कहने लगे कि पारे में कुछ खास रसायन मिलाने से नकली सोना या चाँदी बनाई जा सकती है। फिर कुछ

लोग यह भी कहने लगे कि इस प्रकार से बनाए गए सोने या चाँदी के भस्म का सेवन करने से आदमी की आयु बढ़ सकती है।

पुराने जमाने में नकली सोना और चाँदी बनाने का बोलबाला रहा। चीन में ऐसे बहुत-से कीमियागर थे जो नकली सोना बनाने का दावा करते थे। राजे-महाराजे भी इनके चक्कर में फँसे हुए थे। असल में नकली सोना बनाने का यह दावा एक ढकोसला ही था। इसलिए चीन के कुछ सम्राटों ने ऐसे कीमियागरों को मौत के घाट भी उतार दिया था!

हमारे देश में मध्ययुग में तंत्र-मंत्र का खूब बोलबाला रहा है। मध्ययुग में हमारे देश में बौद्ध-धर्म के एक संप्रदाय वज्रयान का काफी प्रभाव था। यह संप्रदाय नेपाल, तिब्बत आदि देशों में भी फैल गया। वज्रयानी साधक तंत्र-मंत्र से जनता को प्रभावित करते थे; नकली सोना बनाने का दावा करते थे। उनका यह भी दावा था कि नकली सोने के भस्म का सेवन करने से उम्र बढ़ती है। ये लोग अमरत्व दिलानेवाले अमृत-रस की तलाश में जी-जान से जुटे हुए थे। बौद्ध-धर्म के इन वज्रयानी साधुओं को **सिद्ध** कहा जाता है।

इन सिद्धों की बहुत-सी बातों में कोई सार नहीं था। पर इनसे हमें दो लाभ हुए। इन सिद्धों को जनता में प्रचार करना था, इसलिए ये जनता की बोली में उपदेश देते थे, कविताएँ रचते थे। आज से लगभग एक हजार साल पहले इनकी रची हुई कविताओं में हमें पहली

बार हिंदी के आदि-रूप के दर्शन होते हैं। दूसरा फायदा यह हुआ कि इनकी नकली सोना और अमृत बनाने की क्रियाओं से रसायनशास्त्र का विकास हुआ। उस जमाने के ऐसे ही एक महान कीमियागर या रसायनज्ञ थे **सिद्ध नागार्जुन।**

सिद्ध नागार्जुन
एक तिब्बती शिल्प के आधार पर तैयार किया गया चित्र।

हमारे देश में नागार्जुन नाम के कई विद्वान हुए हैं। इसलिए जिस रसायनज्ञ नागार्जुन की हमें चर्चा करनी है, उनके बारे में बहुत-सी बातें विवादास्पद हैं। भगवान बुद्ध के करीब पाँच सौ साल बाद उनका धर्म दो भागों में बँट गया था। बाद में जाकर यह धर्म और भी कई

संप्रदायों में बँट गया। इन संप्रदायों में एक है, महायानी बौद्ध-धर्म का माध्यमिक संप्रदाय। माना जाता है कि नागार्जुन इस संप्रदाय के प्रवर्तक थे। बाद में इस संप्रदाय का दक्षिण भारत, मध्य-एशिया, तिब्बत, चीन आदि देशों में खूब प्रचार हुआ।

इस नागार्जुन का समय ईसा की दूसरी शताब्दी माना जाता है। बौद्ध ग्रंथों में इनके बारे में कई कथाएँ मिलती हैं। इनका जन्म महाराष्ट्र के विदर्भ प्रदेश में एक ब्राह्मण कुल में हुआ था। बाद में ये नालंदा-विश्वविद्यालय के आचार्य भी बने थे। कहा जाता है कि एक बार वहाँ बहुत बड़ा अकाल पड़ा, तो नागार्जुन ने नकली सोना बनाकर अकाल का निवारण किया था।

लेकिन जिस रसायनज्ञ नागार्जुन की हमें चर्चा करनी है, वे इस दार्शनिक नागार्जुन से भिन्न थे। हम नहीं जानते कि रसायनज्ञ नागार्जुन ठीक किस समय में हुए, पर अनुमान लगाया जा सकता है कि ये ईसा की सातवीं-आठवीं शताब्दी में जीवित रहे होंगे। तिब्बती साहित्य में भारतीय सिद्धों के बारे में कई कथाएँ मिलती है। सिद्धों में चौरासी सिद्धों के बारे में तिब्बती ग्रंथों में अधिक जानकारी मिलती है। इन चौरासी सिद्धों में एक थे सिद्ध नागार्जुन। सिद्धों के तिब्बती चित्रों में नागार्जुन का जो चित्र मिलता है, उसमें उन्हें गले में सर्प डाले हुए दर्शाया गया है।

नागार्जुन का **रसरत्नाकर** या **रसेंद्र-मंगल** नामक एक ग्रंथ मिलता है। यह ग्रंथ संस्कृत भाषा में है। इसमें

रसायन की कई विधियाँ दी गई हैं। आधुनिक काल के महान भारतीय रसायनज्ञ **प्रफुल्लचंद्र राय** ने भारतीय रसायनशास्त्र के इतिहास पर एक बड़ा ग्रंथ लिखा है। उसमें उन्होंने नागार्जुन के बारे में बहुत-सी जानकारी दी है और सिद्ध नागार्जुन को प्राचीन भारत का सबसे बड़ा रसायनज्ञ माना है।

तिब्बती ग्रंथों में सिद्धों के बारे में बड़ी मजेदार कथाएँ दी हुई हैं। नागार्जुन के बारे में जो कथा मिलती है, वह बड़ी ही रोचक है। इस कथा से पता चलता है कि उस जमाने में कीमियागर किस प्रकार तन-मन-धन से 'अमृत' की खोज में, यानी रासायनिक प्रयोगों में, जुटे हुए थे। कथा इस प्रकार है—

व्यालि नाम का एक धनी ब्राह्मण था। उसने सोचा, मरने के बाद मुक्ति मिली, तो क्या लाभ हुआ? शरीर के रहते इसी जीवन में अमरत्व मिले, तभी कुछ फायदा है। अमृत ही आदमी को अमर बना सकता है। व्यालि जुट गया अमृत की खोज में!

व्यालि को पूरा यक़ीन था कि वह अमृत की खोज करके रहेगा। उसने अपने जीवन के अनेक साल ही नहीं, बल्कि अपना सारा धन भी अमृत की खोज में खर्च कर डाला। उसने तरह-तरह की वस्तुओं को एक-दूसरे के साथ मिलाकर देखा, सैकड़ों प्रयोग किए, अपने इन प्रयोगों का लेखा-जोखा रखा; किंतु उसे अमृत नहीं मिला। निराश होकर अंत में उसने अपनी वह पुस्तक, जिसमें उसके प्रयोग और फार्मूले लिखे हुए थे, गंगा नदी

में प्रवाहित कर दी। कंगाल बनकर वह नीचे गंगा-तट के एक दूसरे शहर में चला गया।

व्यालि जिस नगर में पहुँचा, वहाँ एक वेश्या रहती थी। एक दिन वह गंगा में स्नान करने गई, तो उसे नदी की धारा में बहती हुई एक पुस्तक दिखाई दी। यह वही पुस्तक थी जिसे व्यालि ने गंगा में प्रवाहित कर दिया था। इसे भी चमत्कार ही कहा जाएगा कि पानी से उस पुस्तक को कोई हानि नहीं पहुँची थी! वह वेश्या उस पुस्तक को घर ले आई। व्यालि उस वेश्या का अतिथि था। व्यालि को अपनी पुस्तक देखकर बड़ा अचरज हुआ। पुस्तक के पुनः मिलने को उसने शुभ लक्षण समझा। वह पुनः प्रयोगों में जुट गया।

सिद्धों की रसशाला

अब भी व्यालि को कई साल तक सफलता नहीं मिली। लेकिन एक दिन, जब वह वेश्या खाना बना रही थी, तो उसने गलती से चुटकी-भर कोई मसाला उस पात्र में भी डाल दिया जिसमें व्यालि के रसायन का पाक पक रहा था। और इसे करिश्मा ही समझिए, कि उस पाक से 'अमृतरस' तैयार हो गया! जो बात उस ब्राह्मण के चौदह साल के कठोर परिश्रम से नहीं हो सकी, वह उस अनपढ़ वेश्या के हाथ लगते ही पूरी हो गई!

सिद्धों की साधना में अनपढ़, निम्न वर्ग के नौकर-चाकर लोगों का बड़ा महत्त्व था। इस कथा में एक वेश्या का जिक्र है, तो एक अन्य कथा में वेश्या के स्थान पर एक नौकरानी का जिक्र है।

आगे की कहानी यह है कि वह ब्राह्मण अपने उस अमृतरस को लेकर जंगल में भाग गया। वह उसे दूसरों में बाँटना नहीं चाहता था, न ही वह उसका रहस्य किसी दूसरे को बताना चाहता था। वह दलदल से चहुँओर घिरी हुई एक ऊँची चट्टान पर जाकर बैठ गया। अमृत उसे मिल गया था, किंतु अब वह उसी अमृत का कैदी बन गया था!

सिद्ध नागार्जुन को इस बात का पता चला। उन्होंने ध्यान लगा कर व्यालि को खोज निकाला और उससे अमृत या संजीवनी बनाने का रहस्य मालूम कर लिया।

नागार्जुन का 'रसरत्नाकर' ग्रंथ संवाद रूप में लिखा गया है। यह संवाद नागार्जुन, रत्नघोष, वट-यक्षिणी, शालिवाहन और मांडव्य के बीच होता है। रत्नघोष

हाथ जोड़कर नागार्जुन के सामने खड़ा है और उनसे रसायन-विद्या सीखना चाहता है। प्रसन्न होकर नागार्जुन उससे कहते हैं कि, मैं तुम्हें वे सारी औषधियाँ बताऊँगा जिनके सेवन से चेहरे की झुर्रियाँ गायब हो जाती हैं, सफेद बाल काले बनते हैं और बूढ़ा आदमी जवान हो जाता है!

नागार्जुन यह भी जानकारी देते हैं कि उन्होंने बारह साल तक कष्ट सहकर और वट-यक्षिणी (बरगद के पेड़ पर रहनेवाली यक्षिणी) की साधना करके उससे यह विद्या हासिल की थी। वट-यक्षिणी ने ही उन्हें रसबंध यानी पारे को बाँधने की विद्या बतलाई थी। नागार्जुन ने रसायन के कुछ प्रयोग इस प्रकार बतलाए हैं:

—इसमें आश्चर्य ही क्या, यदि पीले गंधक को पलाश के गोंद के रस से शोधित किया जाए और गोबर के कंडों की आग पर तीन बार पकाया जाए तो इससे चाँदी को सोने में बदला जा सकता है!

—इसमें भी क्या आश्चर्य, यदि रसक (कैलामाइन) को तीन बार ताँबे के साथ तपाया जाए, तो ताँबा सोने में बदल जाता है!

नागार्जुन ने अपने ग्रंथ में पारे को बाँधने का तरीका बतलाया है। पारे को रसराज यानी रसों का राजा कहा जाता था। यह बात बड़े महत्त्व की है कि धातुओं का, विशेषत: पारे का, औषधि के रूप में इस्तेमाल पहले-पहल भारत में ही देखने को मिलता है।

रसरत्नाकर ग्रंथ में अनेक रासायनिक विधियों एवं रासायनिक उपकरणों का विवरण मिलता है। नागार्जुन

ने बतलाया है कि प्रयोग प्रारंभ करने से पहले कोष्टिका-यंत्र, वक्रनाल (फुंकनी), गोबर की कंडियाँ, धौंकनी, लोहपत्र, कांजी तथा तरह-तरह की संडसियों आदि की जरूरत होती है । पारे की पिष्ट का भस्म तैयार करने के लिए गर्भयंत्र का इस्तेमाल होता था ।

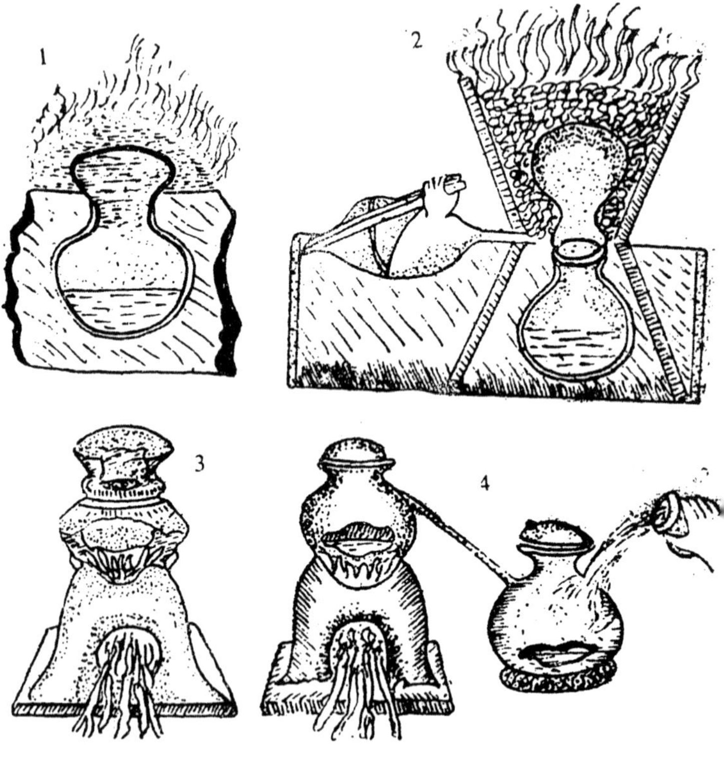

रसायन-यंत्र : 1. अध:पातनयंत्र 2. कोष्ठीयंत्र 3. स्वेदनीयंत्र 4. तिर्यक्पातनयंत्र

रसायनशास्त्र के इतिहास में नागार्जुन पहले व्यक्ति थे जिन्होंने कज्जज़ी (ब्लैक सल्फाइड ऑफ मर्करी) का 'पर्पटिकारस' नाम की औषधि के रूप में प्रयोग किया था। इसी प्रकार, रसायन की कई विधियाँ हैं जो पहली बार रसरत्नाकर ग्रंथ में देखने को मिलती हैं। रसरत्नाकर ग्रंथ के आधार पर बाद में हमारे देश में रसायनशास्त्र के अनेक ग्रंथों की रचना हुई। इनमें तेरहवीं शताब्दी का 'रसरत्नसमुच्चय' ग्रंथ विशेष महत्त्व का है। बाद के रसायनज्ञों ने नागार्जुन को हमेशा ही एक महान रसायनज्ञ के रूप में याद किया है।

दक्षिण-भारत के गुंटूर जिले में नागार्जुनकोंड नाम का एक प्रसिद्ध स्थान है। पुराने जमाने में इस स्थान को विजयपुरी कहते थे और इस प्रदेश को श्रीशैलपर्वत। असल में नागार्जुनकोंड की खुदाई में जो अवशेष मिले हैं, उनमें नागार्जुन का कोई उल्लेख नहीं मिलता। मध्य-एशिया के प्रसिद्ध यात्री अल्बेरूनी (भारत-यात्रा : 1017-30 ई.) ने लिखा है कि नागार्जुन नाम के एक बड़े रसायनज्ञ उनसे सौ साल पहले हुए हैं और वे सोमनाथ के पास के दैहक स्थान के निवासी थे। असल में नागार्जुन के काल के बारे में निश्चित रूप से कुछ नहीं कहा जा सकता। आज उनका 'रसरत्नाकर' ग्रंथ उपलब्ध है। यह ग्रंथ भारतीय रसायनशास्त्र की एक अमूल्य संपत्ति है।

भास्कराचार्य

आज से लगभग नौ सौ साल पहले ।

उस समय हमारा देश छोटे-छोटे राज्यों में बँटा हुआ था । भारतीय राजे आपस में लड़ाइयाँ करते थे । समाज ऊँच और नीच के वर्गों में बँटा हुआ था । जात-पाँत का बोलबाला था । इसी आपसी कलह और भेदभाव के कारण भारत के काफी हिस्से पर तुर्कों और अफगान शासकों ने अपना अधिकार जमा लिया था ।

हमारे देश में आर्यभट के समय से विज्ञान के सही अध्ययन का सिलसिला आरंभ हो गया था । उनके बाद लगभग छह सौ साल तक विज्ञान के विविध क्षेत्रों में हमारे देश ने खूब उन्नति की । इस बीच हमारे देश ने बड़े-बड़े वैज्ञानिक पैदा किए । पुरानी मान्यताओं पर प्रश्नचिह्न लगाने से ही ज्ञान-विज्ञान की उन्नति हुआ करती है । हमारे वैज्ञानिक जब तक इस नीति पर चलते रहे, तब तक नई-नई बातें खोजी जाती रहीं । परंतु एक समय ऐसा आया कि हमारे पंडित पुरानपंथी बन गए । वे मानने लग गए कि वेद, ब्राह्मण, स्मृति आदि पुराने ग्रंथों में जो लिखा हुआ है, वह बिलकुल सही है । इस प्रकार

सोचने से ज्ञान-विज्ञान की उन्नति रुक गई।

इस प्रकार से सोचने को रूढ़िवादिता कहते हैं। आज से लगभग एक हजार साल पहले हमारे देश में रूढ़िवादिता जोर पकड़ने लग गई थी। परंतु कुछ इने-गिने पंडित भी थे जो वैज्ञानिक ढंग से सोचना जानते थे। ऐसे ही एक महापंडित थे भास्कराचार्य।

भास्कराचार्य अपने समय में हमारे देश के सबसे बड़े वैज्ञानिक थे। उनके समय तक अभी हम विज्ञान के क्षेत्र में यूरोप के किसी भी देश से पीछे नहीं थे। भास्कराचार्य बारहवीं शताब्दी में यानी आज से लगभग साढ़े आठ सौ साल पहले हुए। उस समय यूरोप के इटली, स्पेन, फ्रांस आदि देशों में पुराने यूनानी ग्रंथों का नए सिरे से अध्ययन शुरू हुआ। उसी समय यूरोप की भाषाओं में अरबी ग्रंथों के भी अनुवाद हो रहे थे। इन अरबी ग्रंथों में कई ऐसे भारतीय ग्रंथ थे जिनका संस्कृत भाषा से अरबी में अनुवाद हुआ था।

इधर भारत में भास्कराचार्य ज्योतिष और गणित के बारे में ग्रंथ लिख रहे थे और उधर यूरोप में अरबी साहित्य के माध्यम से यूरोपवाले भारत के प्राचीन ज्ञान-विज्ञान का परिचय प्राप्त कर रहे थे। उसी समय यूरोप में शून्य पर आधारित भारतीय अंकपद्धति क प्रवेश हुआ था।

प्राचीन भारत के अन्य वैज्ञानिकों की तरह भास्कराचार्य के जीवन के बारे में भी हमें बहुत अधिक जानकारी नहीं मिलती। उन्होंने अपनी पुस्तकों में अप

बारे में जो दो-चार बातें लिखी हैं, उतनी ही हमें मालूम हैं। भास्कराचार्य का प्रमुख ग्रंथ है **सिद्धांत-शिरोमणि**। इसमें वे बतलाते हैं कि उन्होंने 36 साल की आयु में इस ग्रंथ की रचना की और उनका जन्म शक-संवत् 1036 में हुआ था। शक-संवत् में 78 साल जोड़ देने से ईसवी सन् प्राप्त होता है। अतः भास्कराचार्य का जन्म 1036 + 78 = 1114 ई. में हुआ था। 36 साल की आयु में, अर्थात् 1150 ई. में, उन्होंने अपने इस महान ग्रंथ 'सिद्धांत-शिरोमणि' की रचना की थी।

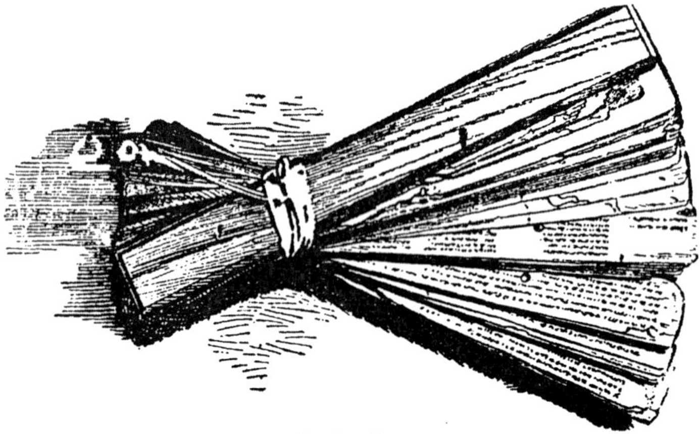

सिद्धात-शिरोमणि की एक पुस्तक 'लीलावती' की तालपत्र-पोथी

भास्कराचार्य अपने ग्रंथ में जानकारी देते हैं कि उनका जन्म सहयाद्रि पर्वत-प्रदेश में स्थित विज्जडविड गाँव में हुआ था। सहयाद्रि पर्वत आजकल के महाराष्ट्र में है, परंतु यह विज्जडविड गाँव ठीक किस स्थान पर था,

इसके बारे में आज हम यकीन के साथ कुछ नहीं कह सकते ।

पुराने जमाने में पंडित लोग राज-दरबारों में आश्रय पाते थे। राजाओं की ओर से उनके खाने-पीने की व्यवस्था होती थी। इसलिए वे अक्सर अपने ग्रंथों में अपने आश्रयदाताओं की बढ़-चढ़कर प्रशंसा करते थे। पर भास्कराचार्य के किसी भी ग्रंथ में किसी भी राजा की स्तुति नहीं है। उन्होंने यह भी नहीं लिखा है कि वे अमुक राजा के दरबार में रहते थे। इससे हम इस नतीजे पर पहुँचते हैं कि भास्कराचार्य स्वतंत्र प्रकृति के पंडित थे और उन्होंने अपने बल पर ही विज्ञान का अनुसंधान किया था।

भास्कराचार्य भले ही किसी राजा के आश्रय में न रहे हों, पर उनके कुल के कई व्यक्ति, उनके पहले और बाद में, राजाश्रय में रहे। जानकारी मिलती है कि उनके बाद उनके कुल के कुछ पंडित देवगिरि के यादववंशी राजाओं के दरबार में राजज्योतिषी थे। भास्कराचार्य के कुल में ज्योतिष का अध्ययन परंपरा से चला आ रहा था। उनके पिता महेश्वर खुद ज्योतिषी थे और वे ही भास्कराचार्य के गुरु थे।

भास्कराचार्य का सिद्धांत-शिरोमणि ग्रंथ संस्कृत भाषा में है। उस समय हमारे देश की जनता की भाषा संस्कृत नहीं थी। संस्कृत, पालि, प्राकृत, अपभ्रंश आदि सीढ़ियों को लाँघ कर उस समय हमारे देश में प्रांतीय भाषाएँ जन्म ले चुकी थीं। ज्ञान-विज्ञान के ग्रंथ जनता

की भाषा में न लिखे जाने के कारण ज्ञान-विज्ञान का प्रसार जनता तक न हो सका। उच्च वर्ग के लोग ही ज्ञान-विज्ञान के ठेकेदार थे।

सिद्धांत-शिरोमणि ग्रंथ पद्य में है। भास्कर ने यह ग्रंथ पद्य में तो लिखा, परंतु वे जानते थे कि उनके समय के संस्कृत जाननेवाले सारे पंडित इसे आसानी से समझ नहीं पाएँगे। इसलिए उन्होंने स्वयं ही अपने ग्रंथ पर टीका लिखी। अपनी इस टीका को उन्होंने 'वासनाभाष्य' का नाम दिया।

सिद्धांत-शिरोमणि ग्रंथ काफी बड़ा है। यह चार पुस्तकों में बँटा हुआ है: पाटीगणित या **लीलावती**, बीजगणित, गोलाध्याय और ग्रहगणित। पहली पुस्तक का विषय है अंकगणित। दूसरी पुस्तक का विषय नाम से ही ज़ाहिर है कि बीजगणित है। तीसरी और चौथी पुस्तकों में कालगणना और ज्योतिष संबंधी बातें हैं।

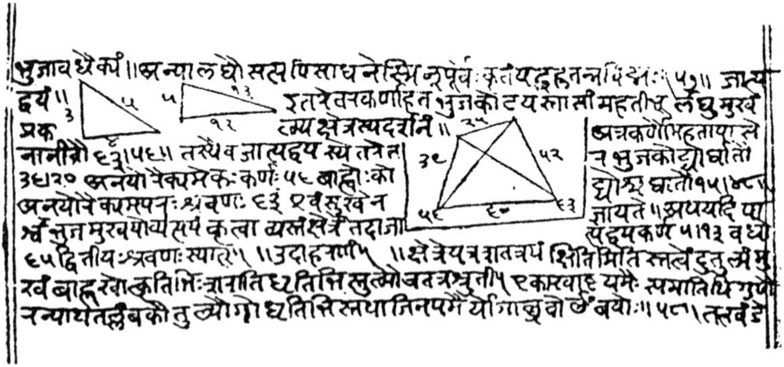

लीलावती की हस्तलिपि का एक पृष्ठ

पहली पुस्तक पाटीगणित 'लीलावती' के नाम से ही अधिक मशहूर है। बल्कि यह कहा जा सकता है कि प्राचीन भारत के वैज्ञानिक साहित्य में यही पुस्तक सबसे अधिक प्रसिद्ध हुई है। पर इस पुस्तक का यह 'लीलावती' नामकरण बड़े कुतूहल का विषय है।

इस पुस्तक में संबोधन के रूप में 'लीलावती' शब्द कई बार आया है। भास्कराचार्य लीलावती के सामने गणित के सवाल रखते हैं और वे लीलावती से इन सवालों का हल खोजने को कहते हैं। भास्कराचार्य कभी लीलावती की आँखों की तुलना हरिण की आँखों से करते हैं, तो कभी उसकी बुद्धि की तारीफ करते हैं। वे कभी उसे 'सखी' कहते हैं, कभी 'बाले' कहते हैं, तो कभी 'प्रिये' भी कहते हैं! ऐसी हालत में हम उलझन में पड़ जाते हैं और समझ नहीं पाते कि लीलावती के साथ भास्कराचार्य का क्या रिश्ता था। क्या लीलावती भास्कराचार्य की प्रेमिका थी? या कि वह उनकी पुत्री थी?

पुराने संस्कृत साहित्य में भास्कर और लीलावती के रिश्ते के बारे में हमें कोई ठोस जानकारी नहीं मिलती। पर अकबर बादशाह के दरबार के एक रत्न **फ़ैज़ी** ने जब 'लीलावती' का फ़ारसी भाषा में अनुवाद किया, तो उन्होंने इसमें लीलावती के बारे में एक दिलचस्प किस्सा लिख दिया।

फ़ैज़ी ने लिखा है कि लीलावती भास्कर की पुत्री थी। किस्सा यों है कि लीलावती जब अभी बालिका थी

तो उसके पंडित पिता ने ज्योतिष के आधार पर यह जान लिया था कि लीलावती का विवाह एक ख़ास मुहूर्त पर होगा, तभी उसका आगे का वैवाहिक जीवन सुखमय होगा। वह शुभमुहूर्त खोजा गया। शादी की तैयारियाँ हुईं। शुभमुहूर्त का ठीक-ठीक समय जानने के लिए जलघड़ी का इंतजाम किया गया। उस जमाने में आज जैसी घड़ियाँ नहीं थीं। ताँबे या काँसे का एक अर्धगोलाकार पात्र लिया जाता था। इस पात्र की पेंदी में एक छेद बनाया जाता था। फिर इस पात्र को पानी से भरे हुए एक बड़े बर्तन में तरंगता छोड़ दिया जाता। पात्र की पेंदी के छेद से धीरे-धीरे पानी पात्र के भीतर पहुँचता। पात्र के भीतर के पानी की मात्रा का मापन करके समय की अवधि ज्ञात की जाती थी। उस समय की घड़ियाँ इसी प्रकार की होती थीं।

घटीयंत्र में झाँकती हुई लीलावती की सहेलियाँ

नन्ही लीलावती शादी का खूबसूरत लिबास पहने हुए थी। अपनी सखियों के साथ वह उस जलघड़ी के पास गई। भूल से उसके वस्त्रों की एक मणि उस जलघड़ी के पात्र में गिर ही तो गई। किसी को भी इस बात की खबर नहीं थी कि वह मणि पात्र की पेंदी में जाकर बैठ गई है और पात्र के भीतर पानी का आना रुक गया है। समय का प्रवाह अपनी अखंड गति से चल रहा था, किंतु मानव को समय का ज्ञान दिलानेवाली वह जलघड़ी रुक गई थी! शुभमुहूर्त टल गया था। लीलावती का विवाह न हो सका! पिता को बेहद रंज हुआ। कहते हैं कि भास्कर ने अपनी पुत्री को इन शब्दों में तसल्ली दी—बेटी, मैं तुम्हें वह शास्त्र पढ़ाऊँगा जिससे आकाश के इन ग्रह-नक्षत्रों की गतियों को समझा जा सकता है और इस शास्त्र के बारे में जो पुस्तक लिखूँगा उसे 'लीलावती' नाम दूँगा।

लीलावती को गणित पढ़ाते हुए भास्कराचार्य

लगता है कि यह किस्सा बाद का गढ़ा हुआ है। यह सही है कि भास्कर के जमाने के लोग फलित-ज्योतिष में

यकीन करते थे। परंतु भास्कर के सिद्धांत-शिरोमणि ग्रंथ में इस अंधविश्वास की कोई चर्चा नहीं है। उन्होंने अपने ग्रंथ में गणित और ज्योतिष की शुद्ध वैज्ञानिक चर्चा ही की है।

लीलावती पुस्तक में अंकगणित के परिकर्म समझाए गए हैं। ये सारे विषय आजकल हाईस्कूल की कक्षाओं में पढ़ाए जाते हैं, पर लीलावती के कुछ प्रश्न काफी कठिन भी हैं। इतने कठिन कि वे बहुतों की बुद्धि को झकझोर दे सकते हैं।

भास्कर ने बीजगणित को 'अव्यक्त गणित' कहा है। बीजगणित में अव्यक्त यानी अज्ञात राशियों की सहायता से गणना की जाती है। आजकल इन अज्ञात राशियों के लिए हम क्ष, य जैसे अक्षरों का इस्तेमाल करते हैं। भास्कर के जमाने में इन अज्ञात राशियों को 'यावत्-तावत्' कहते थे और इसे संक्षेप में 'या' लिखते थे। पुराने जमाने में हमारे देश में वर्गमूल के लिए आज जैसा $\sqrt{}$ चिह्न नहीं था। जिस राशि का वर्गमूल जानना होता था, उसके पहले 'क' अक्षर लिख दिया जाता था। यह इसलिए कि उस समय वर्गमूल की क्रिया के लिए 'करणी' शब्द प्रचलित था। हमारे देश में भास्कर के भी बहुत पहले सरल-समीकरण, वर्ग समीकरण आदि को अच्छी तरह से जान लिया गया था। भास्कर ने अपनी दूसरी पुस्तक में इनका बढ़िया विवेचन किया है।

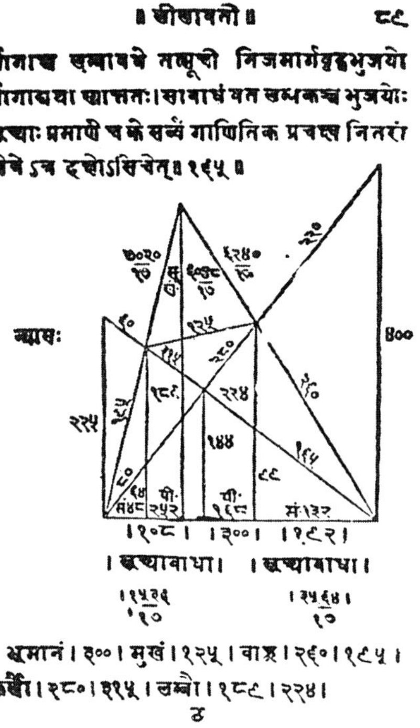

लीलावती में रेखागणित का एक प्रमेय

आधुनिक गणित में **शून्य** और **अनंत** की धारणाओं का बड़ा महत्त्व है। शून्य के चिह्न तथा इसके पीछे निहित गणितीय धारणा की खोज भारत में ही हुई थी। भास्कर ने गणित में शून्य के इस्तेमाल का बढ़िया विवेचन किया है। अनंत को उन्होंने 'ख-हर' का नाम दिया था। 'ख' का अर्थ होता है 'शून्य'। जिस संख्या के हर स्थान में शून्य हो वह संख्या 'ख-हर' अर्थात् अनंत होती है।

इससे पता चलता है कि भास्कर को अनंत से संबंधित गणित की बुनियादी बातों की अच्छी पहचान थी। भास्कर के लगभग चार सौ साल बाद यूरोप के महान वैज्ञानिक **आइज़ेक न्यूटन** और **लाइबनिट्ज** ने इसी धारणा को आगे बढ़ाकर एक नए प्रकार के गणित को जन्म दिया था। इस नए गणित को **कलन-गणित** (कैल्कुलस) कहते हैं। कलन-गणित आज एक अत्यंत उपयोगी विज्ञान है। भास्कर के बाद यदि उनकी जैसी प्रखर प्रतिभावाले पंडित हमारे देश में पैदा होते तो इस गणितांग का निर्माण हमारे देश में भी हो सकता था।

भास्कराचार्य एक ऊँचे दर्जे के ज्योतिषी भी थे। सिद्धांत-शिरोमणि ग्रंथ की दो पुस्तकों में ज्योतिष की चर्चा है। अब तो ज्योतिषशास्त्र ने बहुत तरक्की की है। आधुनिक ज्योतिष के सामने भास्कराचार्य के समय का ज्योतिष-ज्ञान फीका नजर आता है। भास्कर के समय में दूरबीन-जैसे आधुनिक ज्योतिषयंत्र नहीं थे। ग्रह-नक्षत्रों की सही-सही दूरियाँ जानने के लिए कोई साधन उपलब्ध नहीं था। फिर भी हमारे पुराने ज्योतिषियों को ग्रह-नक्षत्रों की गतिविधियों का अच्छा ज्ञान था। आकाश में ग्रह-नक्षत्रों की गतियों और स्थितियों को जानने के लिए कई प्रकार के ज्योतिष-यंत्रों का इस्तेमाल होता था। भास्कर ने अपने ग्रंथ के एक प्रकरण में इन ज्योतिष-यंत्रों की जानकारी दी है।

देखने में आता है कि वैज्ञानिक जब तरुण होता है, जब उसकी बुद्धि प्रखर होती है, तब वह अपनी सारी

शक्ति शुद्ध वैज्ञानिक खोज में ही जोत देता है। उमर बढ़ती है तो वह कुछ भिन्न प्रकार से सोचता है, कुछ-कुछ दार्शनिक की तरह सोचता है। भास्कर के सिद्धांत-शिरोमणि ग्रंथ में फलित-ज्योतिष की कोई चर्चा नहीं। पर भास्कर जब बूढ़े हुए तो उन्होंने **करण-कुतूहल** नाम से एक पुस्तक लिखी। जिस पुस्तक में पंचांग बनाने के तरीके बतलाए जाते हैं उसे **कारण ग्रंथ** कहते हैं। भास्कर की यह पुस्तक भी पंचांग बनाने के तरीके बतलाने के लिए लिखी गई थी। पंचांग के साथ फलित-ज्योतिष भी मिला रहता है। भास्कर ने अपनी यह पुस्तक 68 साल की उम्र में लिखी थी। हम नहीं जानते कि भास्कर की मृत्यु किस साल हुई, परंतु 68 साल की आयु में करण-कुतूहल जैसे कठिन ग्रंथ को उन्होंने लिखा, तो पता चलता है कि उस उम्र में भी उनके शरीर और दिमाग में कोई थकावट नहीं आई थी।

भास्कर केवल वैज्ञानिक ही नहीं थे। वे उच्च कोटि के कवि भी थे। उन्होंने अपने ग्रंथ में गणित के सवालों के साथ-साथ प्रकृति के सौंदर्य का बहुत ही सुंदर वर्णन किया है।

भास्कराचार्य निस्संदेह एक महान गणितज्ञ थे। देश में उनके ग्रंथों का बड़ा आदर हुआ और उन पर अनेक टीकाएं लिखी गईं। हम बता चुके हैं कि अकबर के आदेश से फ़ैज़ी ने 1587 ई. में लीलावती का फारसी में अनुवाद किया था। शाहजहाँ के दरबार के अताउल्लाह

रसीदी ने 1634 ई. में भास्कर के बीजगणित का फारसी में अनुवाद किया।

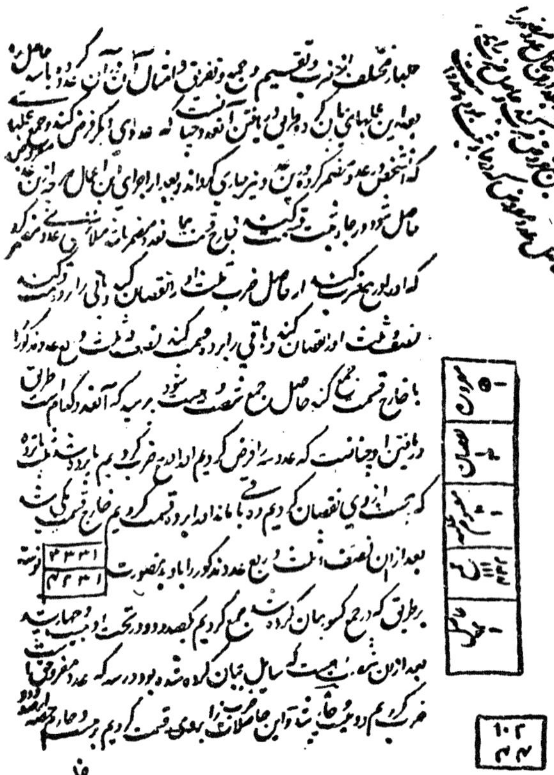

लीलावती के फारसी अनुवाद का एक पृष्ठ

ईस्ट इंडिया कंपनी के अधिकारी एडवर्ड स्ट्रैची ने 1813 ई. में पहली बार भास्कर के बीजगणित का

फारसी से अंग्रेजी में अनुवाद किया था। फिर जे. टेलर ने 1816 ई. में लीलावती का अंग्रेजी अनुवाद प्रकाशित किया। परंतु लीलावती और बीजगणित का मूल संस्कृत से अंग्रेजी में पहली बार प्रामाणिक अनुवाद हेनरी थॉमस कोलब्रूक ने 1817 ई. में किया। अब भास्कराचार्य के ग्रंथों के हिंदी में भी कई अनुवाद उपलब्ध हैं।

पुरानी पीढ़ी के लोगों को कहते हुए अब भी सुना जा सकता है कि जो भास्कर की **लीलावती** को पढ़ेगा वह पेड़ों की पत्तियाँ तक गिन सकता है! इसका अर्थ यही है कि भास्कर के गणित को पढ़ने से आदमी बड़ा गणितज्ञ बन सकता है। पर आज यह कथन सच नहीं है। भास्कर के बाद पिछले करीब आठ सौ सालों में गणितशास्त्र ने बहुत उन्नति की है।

पुराने जमाने के विद्यार्थियों को भास्कर की पुस्तकें बड़ी कठिन जान पड़ती होंगी। इसीलिए किसी कवि ने एक श्लोक में लिख दिया है कि भास्कर के ग्रंथों को या तो स्वयं भास्कर ही समझ सकते हैं या फिर सरस्वती। यह कथन भी सही नहीं है। भास्कर ने गणित और ज्योतिष के बारे में संस्कृत काव्य में जो बातें लिखी हैं उन्हें यदि मातृभाषाओं में उल्था करके समझाया जाए तो वे आसानी से समझ में आ ही सकती हैं। भास्कर के बारे में इस कथन से एक और बात जाहिर होती है। भास्कर के समय तक हमारे देश के पंडित पुराने मतों का खंडन-मंडन करने में गौरव का अनुभव करते थे। लेकिन भास्कर के बाद खंडन-मंडन की यह सही प्रथा

बंद हो गई और लोग मानने लग गए कि पुराना सबकुछ परम सत्य है ! नतीजा यह हुआ कि भास्कर के बाद आगे के लगभग सात सौ साल तक उनकी कोटि का वैज्ञानिक हमारे देश में फिर कोई नहीं हुआ ।

भास्कराचार्य प्राचीन भारत के अंतिम महान वैज्ञानिक थे ।

• • •